牛病诊治实操图解

席克奇　李永森　杨　丽　张　爽
赵　岩　郭维军　廖伟伟　张芷宁　**编著**

U0378941

机械工业出版社
CHINA MACHINE PRESS

本书以"看图识病、类症鉴别、综合防治"为目的，从生产实际和临床诊治需要出发，结合笔者多年的临床教学和诊疗经验进行介绍，内容包括牛传染病的流行与防控、牛病毒性传染病的鉴别诊断与防治、牛细菌性传染病的鉴别诊断与防治、牛寄生虫病的鉴别诊断与防治、牛中毒性疾病的鉴别诊断与防治、牛营养代谢病的鉴别诊断与防治、牛其他普通病的鉴别诊断与防治等方面内容。

本书图文并茂，语言通俗易懂，内容简明扼要，注重实际操作，可供养牛生产者及畜牧兽医工作人员使用，也可作为农业院校相关专业师生教学（培训）用书。

图书在版编目（CIP）数据

牛病诊治实操图解 / 席克奇等编著. — 北京：机械工业出版社，2023.4
ISBN 978-7-111-72327-1

Ⅰ.①牛… Ⅱ.①席… Ⅲ.①牛病－诊治－图解 Ⅳ.① S858.23-64

中国国家版本馆CIP数据核字（2023）第030644号

机械工业出版社（北京市百万庄大街22号　邮政编码100037）
策划编辑：周晓伟　高　伟　　责任编辑：周晓伟　高　伟　刘　源
责任校对：李小宝　贾立萍　　责任印制：常天培
北京宝隆世纪印刷有限公司印刷

2023年5月第1版第1次印刷
190mm×210mm·9印张·266千字
标准书号：ISBN 978-7-111-72327-1
定价：69.80元

前　言

　　养牛业是畜牧生产的重要组成部分，纵观世界畜牧业的发展，无论是过去、现在，还是未来，养牛业集劳役、肉生产、奶生产于一体，因而始终是畜牧业的主体部分。近年来，随着我国农村产业结构不断优化，人民生活水平日益提高，养牛业在广大农、牧区得到了前所未有的发展。生产实践证明，大力发展养牛业，可以充分利用秸秆饲料资源，减少与人争粮的矛盾，适合我国的国情，是发展高产、优质、高效农业的有效措施。

　　但伴随养牛业的发展，牛群的扩大，牛的疾病也将逐渐增多，且复杂多样，这不仅给牛场和养牛户的生产带来损失，而且直接危害人类健康。因此，探讨牛病的防治方法，采取有效措施，对提高养牛的经济效益和自然环境卫生都是非常重要的。

　　为了适应养牛生产的需要，编著者参考某些中外牛病诊治专著及有关技术资料，借鉴各地牛病防治的成功经验，结合自己的工作体会，编写了本书，期望能对养牛生产有所帮助。

　　在本书编写过程中，力求图文并茂，语言通俗易懂，简明扼要，内容系统，注重实际操作。在书中重点介绍了牛传染病的流行与防控、牛病毒性传染病的鉴别诊断与防治、牛细菌性传染病的鉴别诊断与防治、牛寄生虫病的鉴别诊断与防治、牛中毒性疾病的鉴别诊断与防治、牛营养代谢病的鉴别诊断与防治、牛其他普通病的鉴别诊断与防治等方面内容，可供养牛生产者及畜牧兽医工作人员参考。

需要特别说明的是，本书所用药物及其使用剂量仅供读者参考，不可照搬。在生产实际中，所用药物学名、常用名和实际商品名称有差异，药物浓度也有所不同，建议读者在使用每一种药物之前，参阅厂家提供的产品说明以确认药物用量、用药方法、用药时间及禁忌等。购买兽药时，执业兽医有责任根据经验和对患病动物的了解决定用药量及选择最佳治疗方案。

本书在编写过程中，参考了一些专家、学者撰写的文献资料，因篇幅所限，未能一一列出，在此表示感谢。

由于作者的理论和技术水平有限，书中不妥、错误之处在所难免，敬请广大读者批评指正。

编著者

目 录

第四章　牛寄生虫病的鉴别诊断与防治

第五章　牛中毒性疾病的鉴别诊断与防治

第六章　牛营养代谢病的鉴别诊断与防治

第七章　牛其他普通病的鉴别诊断与防治

第一章
牛传染病的流行
与防控

牛病，尤其是一些传染性疾病和成批发生的寄生虫病，是养牛生产的大敌，如果疏于防范，往往会使整个牛群乃至整个牛场毁于一旦，造成重大的经济损失。因此，在养牛生产中，必须贯彻"以预防为主"的方针，采取切实可行的措施，确保牛群健康无病，高产稳产。

一、传染病的传播

某些病原微生物侵入牛体后，在牛体内生长繁殖，损伤牛体组织，扰乱其生理机能而引起疾病。这种疾病可由1头病牛传染给同群的其他健康牛，也可由1个牛群传染给其他牛群而发生同样的疾病，因而称为传染病。

牛传染病的传播扩散，必须具备传染源、传播途径和易感牛3个基本环节，如果打破、切断和消除这3个环节中的任何一个环节，这些传染病就会停止流行（图1-1）。

1. 传染源

传染源即病原微生物的来源。主要传染源是病牛和带菌（毒）的牛，病牛不仅体内有病原微生物繁殖，而且通过各种排

图1-1　牛传染病的流行

泄物将病原微生物排出体外，传播扩散，使健康牛发生传染病。但带菌（毒）的隐性感染牛，由于缺乏病症，不被人们注意，往往会被认为是健康牛，这样就潜伏了极大危险，易造成大面积传染。另外，带有传染病的牛尸体处理不当、带菌（毒）的动物等，也是散播病原微生物的重要传染源。

2. 传播途径

牛传染病的病原微生物，由传染源向外传播的途径有 2 种，即垂直传播和水平传播。

（1）垂直传播　也叫亲子代传递，是种牛感染了（包括隐性感染）某些传染病时，体内的病菌或病毒能侵入受精卵，传播给下一代犊牛，能垂直传播的牛病有沙门菌病、支原体病、脑脊髓炎、大肠杆菌病等。

（2）水平传播　也叫横向传播，是指病原微生物通过各种媒介在同群牛之间和地区之间的传播。这种传播方式面广量大，媒介物也很多。同群牛之间的传播媒介主要是饲料、饮水、空气中的飞沫与灰尘等，远距离传播的媒介通常是牛舍内清除出去的垫料和粪便、运牛车辆、在各牛场间周转的饲料包装袋及工作人员的衣物等。

3. 牛的易感性

病原微生物仅是引起传染病的外因，它通过一定的传播途径侵入牛体后，是否导致发病，还要取决于牛的内因，也就是牛的易感性和抵抗力。牛由于品种、年龄、免疫状况及体质强弱等不同，对各种传染病的易感性有很大差别。例如，在年龄方面，犊牛对沙门菌、大肠杆菌等易感性高，成年牛则对布鲁氏菌易感性高；在免疫状况方面，牛群接种过某种传染病的疫苗或菌苗后，产生了对该病的免疫力，易感性即大大降低。当牛群对某种传染病处于易感状态时，如果体质健壮，也有一定的抵抗力。

二、传染病的感染与发病

1. 感染的类型

某种病原微生物侵入牛体后，必然引起牛体免疫系统的抵抗，其结果必然出现以下三种情况：一是病原微生物被消灭，没有形成感染；二是病原微生物在牛体内的一定部位定居并大量繁殖，引起病理变化和症状，也就是引起发病，称为显性感染；三是病原微生物与牛体内免疫力处于相对平衡状态，病原微生物能够在牛体某些部位定居，进行少量繁殖，有时也引起比较轻微的病理变化，但没有引起症状，也就是没有引起发病，称为隐性感染。有些隐性感染的牛是健康带菌、带毒者，会较长时间排出病菌、病毒，成为易被忽视的传染源。

2. 发病过程

显性感染的过程，可分为以下 4 个阶段。

（1）潜伏期 病原微生物侵入牛体后，必须繁殖到一定数量才能引起症状，这段时间称为潜伏期。潜伏期的长短，与入侵的病原微生物毒力、数量及牛体抵抗力强弱等因素有关。例如，牛瘟的潜伏期一般为 3~5 天，其最大范围为 3~10 天。

（2）前驱期 此时是牛发病的征兆期，表现出精神不振、食欲减退、体温升高等一般症状，尚未表现出该病特征性症状。前驱期一般只有数小时至 1 天多，某些最急性的传染病前驱期时间很短，甚至没有前驱期。

（3）明显期 此时牛的病情发展到高峰阶段，表现出病的特征性症状。前驱期与明显期合称为病程。急性传染病的病程一般为数天至 2 周左右。慢性传染病则可达数月。

（4）转归期 即病程发展到结局阶段，病牛有的死亡，有的恢复健康。康复牛在一定时期内对该病具有免疫力，但体内仍残存并向外排放该病的病原微生物，成为健康带菌或带毒牛。

三、牛病的诊疗技术

1. 牛病的临床诊断

诊断是对患病动物所患疾病本质的判断。牛病临床诊断是以牛为对象，应用临床基本检查方法，对病牛现存症状进行全面细致的检查，并分析、判断病牛疾病的本质，为防治疾病提供重要依据。

（1）临床诊断的基本方法 主要包括问诊、视诊、触诊、叩诊、听诊和嗅诊（图 1-2~ 图 1-6 ）。这些方法简单易行，应用于所有疾病临床诊断之中。

（2）一般检查 主要包括容态、被毛和皮肤、可视黏膜、耳朵、体表

图 1-2　牛病视诊 1

图 1-3　牛病视诊 2

图 1-4　牛病触诊

图 1-5　牛病扣诊

图 1-6　牛病听诊

淋巴结的检查，以及体温、脉搏次数、呼吸的测定等。

　　1）容态检查。容态是指牛的容貌及全身状态。应着重观察其精神状态、体格发育、营养及姿势等。

　　2）被毛和皮肤检查。主要检查牛的被毛状态、皮肤温度、皮肤湿度、皮肤弹力，有无皮肤肿胀等。

　　3）可视黏膜检查。可视黏膜包括眼结膜、口腔黏膜、鼻黏膜和阴道黏膜等，但在一般性检查时，仅做眼结膜检查（图1-7、图1-8）。

　　4）体表淋巴结检查。主要用触诊法。着重注意其大小、硬度、温度、敏感性和移动性。通常检查颚上淋巴结、颚下淋巴结、肩前淋巴结、股前淋巴结（膝上淋巴结）和乳房上淋巴结（图1-9）。

　　5）体温测定。在直肠内测定。测温前先将体温计水银柱甩至最低刻度，并涂以润滑剂或水，然后站在牛的正后方，左手将牛尾略向上举，右手将体温计斜向前下方缓缓插入直肠（图1-10）。用体温计夹子夹在尾根部被毛上，3~5分钟后，取出查看。测温后应将体温计擦拭干净，并将水银柱甩下，以备再用。

　　6）脉搏数检查。检查牛的脉搏，通常是触摸尾中动脉。

　　（3）系统检查　包括循环系统检查、呼吸系统检查（图1-11）、消化系统检查（图1-12）、泌尿

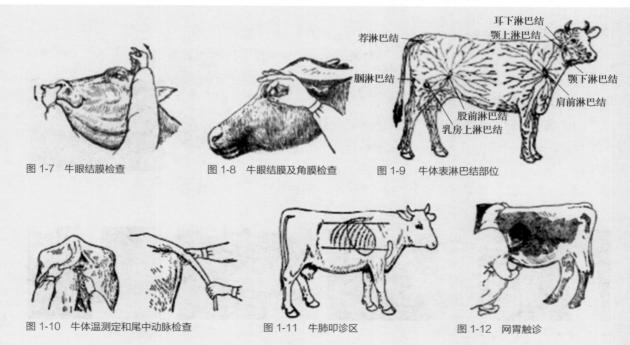

图1-7　牛眼结膜检查　　　　图1-8　牛眼结膜及角膜检查　　　　图1-9　牛体表淋巴结部位

图1-10　牛体温测定和尾中动脉检查　　　图1-11　牛肺叩诊区　　　　图1-12　网胃触诊

生殖系统检查、神经系统检查等。

2. 病死牛尸体剖检诊断

病理剖检是对牛病进行现场诊断的一种重要诊断方法。在临床诊断时，有些疾病症状很不明显，有些发病后突然死亡，来不及临床检查，或者临床检查没有发现任何病症，并且牛发生了传染病、寄生虫病或中毒性疾病时，器官和组织常呈现出特征性病理变化，这样可通过病牛死后尸体剖检，做全面、系统的观察，检查组织器官的病理变化，结合生前症状，做出正确的诊断。

在实践中，有条件应尽可能剖检病牛尸体，必要时可剖杀典型病牛。除肉眼观察外，必要时可将病料送有关部门进行病理组织学检查。

3. 牛病的实验室诊断

在诊断牛病的过程中，对其中的有些疾病特别是某些传染病，必须配合实验室检查才能确诊。当然，有了实验室检查结果，还必须结合流行病学调查、临床症状和病理剖检所见再进行综合分析，切不可单靠实验室诊断结果就盲目得出结论。

4. 牛病的药物诊断

使用药品治疗疾病，有的疗效很好，非常理想；有的疗效不明显；有的无疗效，病情越来越重，如使用抗生素治疗病毒性传染病无效，而治疗细菌性传染病有效，这给临床诊断提供了可靠依据。

5. 牛病的鉴别诊断

随着养牛生产的发展，牛病的临床表现和病理变化变得错综复杂，给临床诊断带来了一定的困难。对于小型养牛场而言，在牛病诊断中，鉴别诊断相对难度较大，但非常重要，必须给予高度重视。要根据病原特性、流行特点、临床症状、病理特征，认真分析，仔细梳理，从可能会发生的多种疾病中逐一排除，最后做出正确诊断。

6. 牛体保定的方法

保定是控制家畜反抗，限制其防卫活动，保障人畜安全，暴露术区，便于进行诊疗的必要措施。

（1）站立保定法

1）徒手保定法。术者一手抓住牛的鼻绳或鼻中隔，将牛鼻上提，一手握住牛的角根并略向后推动。

2）牛角根保定法。将牛头抬高，紧贴木柱或树干，然后用绳子把牛角绑在木柱或树干上（图1-13）。适用于头部检查和豁鼻修补等。

3）下颌捻紧保定法（上撬法）。用一根小拇指粗的麻绳做成环形，

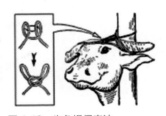

图1-13　牛角根保定法

其大小略大于被套入的下颌齿槽间隙，将麻绳套入下颌齿槽间隙后，术者用木棍穿入绳圈捻紧即可，但对小牛不宜过分强捻，以免引起下颌骨骨折（图1-14）。适用于注射和一般外科处理。

（2）**柱栏内保定法**　包括二柱栏保定法和五柱栏保定法等。

1）二柱栏保定法。把牛的头绳系在前柱上，取一根粗圆绳，一端拴一个铁圈，挂在后柱拐钉上，把绳从左侧绕过前柱，经右侧至后柱并挂在拐钉上，将绳收紧；再从此反转向前绕过前柱，经左侧返回至后柱并将绳末端固定于此；最后吊挂胸部、腹部吊绳（图1-15）。在野外治疗时可利用相邻的两棵大树，架上一根横木代替。适用于投药、注射、去势及蹄病的治疗等。

2）五柱栏保定法。保定时先挂好前柱上的胸带。从栏后将牛牵入栏内，挂好后柱上的臀带，鼻绳则根据诊疗需要，可拴在前柱上（图1-16）。为了防止有的牛跳出臀带和卧地可在肩部装上背带或在下腹部兜上腹带，将其系在两侧的横杆上。

在进行对四肢下部的检查、注射或一般外科处理时可对患肢进行转位。转位的方法有前肢前方转位和后肢后方转位（图1-17、图1-18）。为了防止意外，可先装上背带或腹带后再转位。

（3）**侧卧保定法**

1）提肢倒卧法。取长约10米的圆绳一根，把绳折成一长一短，在绳的拆转部做一个套结，以左侧倒卧为例，将套结套在左前肢掌部，短绳由胸下向上绕于鬐甲部，长绳由上向下绕于背腰部。

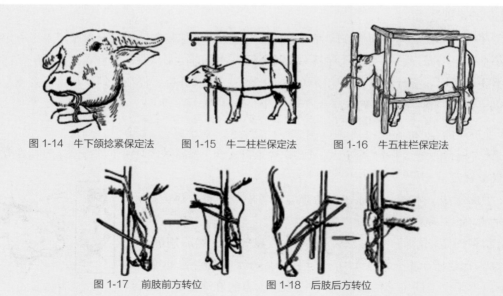

图1-14　牛下颌捻紧保定法　　图1-15　牛二柱栏保定法　　图1-16　牛五柱栏保定法

图1-17　前肢前方转位　　图1-18　后肢后方转位

放倒牛时，一人牵住牛绳并按住牛角，另一人拉住短绳，再有两人拉住长绳。将牛向前牵，当系绳的左前肢抬起时，立即抽紧短绳并向下压。同时，抓牛头的人把牛头用力向右侧弯，使牛的重心向左偏移，抓长绳的两人一并用力向后牵引，并稍向右拉，牛矮跪下而后向左侧卧倒。

牛卧下后，照管牛头的人将牛头压在地上，按住牛角使牛头不能上抬；抓短绳的人抽紧牛绳，并以一只脚踏在牛的鬐甲部；抓长绳的人，一人压住髋结节，另一人将腰部的绳子向后拉开，拉至两后肢跗部收紧，然后将两后肢与倒卧侧前肢捆绑在一起（图1-19）。此法适用于中等体形的牛，常用作去势或会阴部手术。体大、性烈的牛，不宜用本法。

2）双抽筋倒卧法。用长约15米的圆绳一根，在绳的中央折成两个双重的绳套，把两个直径为5~6厘米的铁环分别穿在两个绳套上（也可不用铁环），然后把这两个绳套自下而上绕在牛的颈部，在颈侧把两个绳套互相重叠，并用小木棍将其固定（此时铁环分别位于两侧肩前），再把绳的两端从两前肢和两后肢间通过，分别绕过后肢系部（也可绕过小腿部）折向前穿过颈部铁环（如不用铁环则穿过绳套）向后。放倒时一人尽量将牛头下掣，数人向后拉两绳端，使牛两后肢前移或两前肢后移渐失重心而卧倒（图1-20）。为帮助牛倒卧，也可在拴小木棍一侧前肢的腋下外加一胸绳，倒卧时由另一助手同时向卧侧牵拉。倒卧后继续收紧两绳端，并在小腿或系部与小木棍之间以"8"字形缠绕数圈，最后将绳端绕在小木棍上。解除保定时，只需将小木棍抽去，绳套就全部松脱，牛即可站起。此法适用于体大、性烈的牛。

图1-19　牛提肢倒卧法

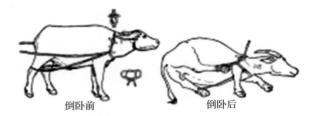

图1-20　牛双抽筋倒卧法

7．牛常用的投药方法

（1）口腔投药法

1）水剂投药法。用投药胶管（胃导管）经鼻或口准确地插入食管中（经口插入时，先给牛装一个木制开口器，胶管由开口器中央圆孔插入，接上漏斗，将药液倒入漏斗内，高举漏斗超过牛头，药液自行流入胃内。之后倒入少量清水，将管中残留的药液冲下，拔掉漏斗，折叠胶管并缓缓抽出（图1-21、图1-22）。

如药液量较少或牛患咽炎时，不宜用上述方法，避免因刺激加重病情，可用长颈玻璃瓶或橡皮瓶将药液一点点地倒入牛口内，使其一口一口地咽下（图1-23）。

图1-21　胃导管

图1-22　胃导管灌药

图1-23　长颈玻璃瓶灌药

2）丸剂投药法。小药丸可用投药器或裹在草团中投服。大药丸可一手将牛舌拉出，另一手持药丸迅速地投至舌根部，立即放开舌头，并托住下颌部，稍抬高牛头，药丸即被牛自然咽下。

3）舐剂投药法。打开牛口腔，用木片或竹片从一侧口角将舐剂送入口腔并迅速涂于舌根背部，随即抬高牛头，使其自然咽下。

4）糊剂投药法。碾压较粗的中药，调制成糊状，用灌角将药经口灌入。灌药时，由助手牵引鼻环或吊嚼，使牛头稍仰，灌药者一手持盛药的灌角，顺口角插入口腔，送至舌面中部，将药灌下，同时，另一手持药盆，接取自口角流出的药液。

（2）注射法

1）皮下注射法。将药液注射于皮下疏松组织中。在颈侧皮肤易移动的部位，左手拎起皮肤做成皱褶，右手持注射器，将针头刺入皮下，进针2~3厘米，推动注射器活塞，注射完毕用碘酊或酒精棉球按压针孔（图1-24）。常用于无刺激性且易溶解的药物、菌苗或血清的注射。

图1-24　皮下注射法

2）肌内注射法。将药液注射于肌肉内。在颈侧或臀部肌肉丰厚且无大血管、神经通过的部位，先把针头垂直刺入肌肉，然后接上注射器，回抽无血即可注入药液，注射完毕涂碘酊或酒精消毒（图1-25）。用于刺激性较强或较难吸收药液的注射。

3）静脉注射法。多选在颈沟上1/3颈静脉上，也可在耳静脉或

图1-25　肌内注射法

乳静脉（母牛）上，先排尽注射器或输液管中的气体，以左手按压注射部下边，使血管怒张，右手持针在按压点上方约2厘米处，垂直或呈45度角刺入静脉内，见回血后将针头继续顺血管进针1~2厘米，接上针管或输液管，用手扶持或用夹子把胶管固定在颈部，缓缓注入药液（图1-26）。注射完毕，用酒精棉球压住针孔，迅速拔出针头，按压针孔片刻，最后涂以碘酊。适用于用药量大、有刺激性的水剂注射和输血。

4）皮内注射法。将药液注入表皮与真皮之间。在颈侧或尾根不易受摩擦、舐、咬处的皮肤，左手捏起皮肤，右手持注射器使针头与皮肤呈30度角刺入皮内，缓慢地注入药液，在注射部位呈现小丘疹状隆起为注射正确。拔出针头后，不再消毒或压迫。多用作牛结核菌素的变态反应试验。

5）乳池内注射法。用通乳针（乳导管）或用磨秃针头插入乳头管内，把药液注入乳池。洗净乳房外部并擦干，挤净乳池内的乳汁，用酒精棉球消毒乳头；左手握住乳头，使乳导管与乳头孔成一条直线，将乳导管从乳头孔插入乳池；左手固定乳头和乳导管，右手将注射器接上，缓缓注入药液，注射完毕拔出乳导管，轻轻捏住乳头孔，并按摩乳房使药液散开（图1-27、图1-28）。常用于治疗乳腺炎。

图1-26　静脉注射法

图1-27　注射器、乳导管

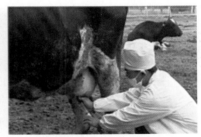

图1-28　乳池内注射法

四、牛的免疫接种

1. 免疫接种的目的

免疫接种是激发动物机体产生特异性抵抗力，使易感动物转化为不易感动物的一种手段。有组织有计划地对牛进行疫苗接种，是预防和控制牛传染病的一项极为重要的措施，对某些传染病（如口蹄疫、牛痘、破伤风等）的防治，具有关键性的作用。

2. 牛群免疫程序的制定

牛群的免疫程序包括单一传染病免疫程序和多种传染病综合免疫程序。有些传染病需要多次进行免疫接种，在牛的多大日龄接种第 1 次，什么时候再接种第 2 次、第 3 次……，称为单一传染病免疫程序。为预防多种传染病，对多种疫（菌）苗的接种时间和顺序做出安排，称为综合免疫程序。单一传染病的免疫程序，不同的传染病都有具体要求；牛群综合免疫程序，要根据具体情况先确定对哪几种病进行免疫，然后合理安排。

3. 牛群免疫程序的实施

（1）**口蹄疫免疫** 在可能流行口蹄疫的地区、边境线地带，每年春、秋两季各用同型的口蹄疫弱毒疫苗接种 1 次，肌内或皮下注射，1~2 岁牛 1 毫升，2 岁以上牛 2 毫升。注射后 14 天产生免疫力，免疫期为 4~6 个月。本疫苗残余毒力较强，会引起一些幼牛发病。因此，1 岁以下的小牛不要接种。

（2）**伪狂犬病免疫** 疫区内的牛，每年秋季接种牛伪狂犬病氢氧化铝甲醛苗 1 次，颈部皮下注射，成年牛 10 毫升，犊牛 8 毫升。必要时 6~7 天后加强注射 1 次。免疫期为 1 年。

（3）**牛痘免疫** 牛痘多发地区，每年冬季给断奶后的犊牛接种牛痘疫苗 1 次，皮内注射 0.2~0.3 毫升，免疫期为 1 年。

（4）**牛瘟免疫** 牛瘟疫苗有多种，我国普遍使用的是牛瘟绵羊化兔化弱毒疫苗，适用于朝鲜牛和牦牛之外其他品种的牛。本苗应按制造和检验规程就地制造使用。用制苗兔血液或淋巴、脾脏组织制备的湿苗（1∶100），无论大、小牛一律肌内注射 2 毫升；冻干苗按瓶签规定的方法使用。接种后 14 天产生免疫力，免疫期为 1 年以上。

（5）**炭疽免疫** 经常发生炭疽病和受本病威胁地区的牛，每年春季应做炭疽菌苗预防接种 1 次。炭疽菌苗有 3 种，使用时下列菌苗任选 1 种。

1）无毒炭疽芽孢苗。1 岁以上牛皮下注射 1 毫升，1 岁以下牛皮下注射 0.5 毫升。

2）2 号炭疽芽孢苗。大、小牛一律皮下注射 1 毫升。

3）炭疽芽孢氢氧化铝佐剂苗或称浓缩芽孢苗。为上两种芽孢苗的 10 倍浓缩制品，以 1 份浓缩苗加 9 份 20% 氢氧化铝胶稀释后，按无毒炭疽芽孢苗或 2 号炭疽芽孢苗的用法、用量使用。以上各苗均在接种后 14 天产生免疫力，免疫期约为 6 个月。

（6）**布鲁氏菌病免疫** 在布鲁氏菌病多发地区，每年要定期对检疫为阴性的牛进行预防接种。我国现有 3 种菌苗：一种是流产布鲁氏菌 19 号弱毒菌苗，只用于处女犊牛，即 6~8 月龄时免疫 1 次，必要时在妊娠前加强免疫 1 次，每次颈部皮下注射 5 毫升（含 600 亿 ~800 亿活菌），免疫期可达 7 年。另一种是布鲁氏菌羊型 5 号冻干弱毒菌苗，用于 3~8 月龄的犊牛，可皮下注射（用菌 500 亿 / 头），也可气雾吸入（室内气雾时用菌 250 亿 / 头，室外气雾时用菌 400 亿 / 头），免疫期为 1 年。以上两种菌苗，公牛、成年母牛和妊娠牛均不宜使用。第三种是布鲁氏菌猪型 2 号冻干弱毒菌苗，公、母牛均可用，妊娠牛不宜注射，以免引起流产。可供皮下注射、气雾吸入和口服接种，皮下注射和口服时用菌数为 500 亿 / 头，室内气雾吸入时用菌数为 250 亿 / 头。免疫期为 2 年以上。

（7）**气肿疽免疫** 对近 3 年发生过气肿疽的地区，每年春季接种气肿疽明矾菌苗 1 次，大、小牛一律皮下接种 5 毫升。小牛长到 6 个月时，加强免疫 1 次。接种后 14 天产生免疫力，免疫期约为 6 个月。

（8）**破伤风免疫** 常发生破伤风的地区，应每年定期接种精制破伤风类毒素 1 次，大牛 1 毫升、小牛 0.5 毫升，皮下注射。接种后 1 个月产生免疫力，免疫期为 1 年。发生创伤或手术（特别是去势手术）有感染危险时，可临时再接种 1 次。

（9）**牛巴氏杆菌病免疫** 历年发生牛巴氏杆菌病的地区，在春季和秋季各定期预防接种 1 次，在长途运输前随时加强免疫 1 次。我国当前使用的是牛出血性败血病氢氧化铝菌苗，体重在 100 千克以下的牛 4 毫升，100 千克以上的 6 毫升，均皮下或肌内注射。注射后 21 天产生免疫力，免疫期为 9 个月。妊娠后期的牛不宜使用。

（10）**牛传染性胸膜肺炎免疫** 疫区和受威胁区的牛应每年定期接种牛传染性胸膜肺炎兔化弱毒苗。接种时，按瓶签标明的用量，用 20% 氢氧化铝加生理盐水稀释 50 倍，臀部肌内注射，牧区成年牛 2 毫升，6~12 月龄牛 1 毫升，农区黄牛尾端皮下注射，用量减半；或以生理盐水稀释，于距尾尖 2~3 厘米处皮下注射，成年牛 1 毫升，6~12 月龄牛 0.5 毫升。接种后 21~28 天产生免疫力，免疫期为 1 年。

4．免疫接种的常用方法

（1）**肌内注射法** 适用于接种弱毒疫苗或灭活疫苗，注射部位在臀部及两侧颈部，一般用 12 号针头。

（2）**皮下注射法** 适用于接种弱毒疫苗或灭活疫苗，注射部位在股内侧、肘后。用拇指及食指捏住皮肤，注射时确保针头插入皮下，进针后摆动针头，如感到针头摆动自如，推压注射器推管，药液极易进入皮下，无阻力感。

（3）**皮内注射法** 一般适用于牛痘弱毒疫苗等少数疫苗，注射部位在颈外侧和尾部皮肤皱襞处。左手拇指与食指顺皮肤的皱襞，从两边平行捏起一个皮褶，右手持注射器使针头与注射平面平行刺入。注射药液后在注射部位有一个豌豆大小的泡，且小泡会随皮肤移动，则证明确实注入皮内。

（4）口服法　是将疫苗均匀地混于饲料或饮水中经口服后获得免疫。免疫前应停饮或停喂半天，以保证饮喂疫苗时每头牛都能饮入一定量的水或吃入一定量的饲料。

五、牛传染病的基本防治措施

1. 预防牛传染病的基本措施

（1）牛场选址要符合防疫要求　牛场的场址应背风向阳，地势高燥，水源充足，排水方便。位置要远离村镇、机关、学校、工厂和居民区，与铁路、公路干线、运输河道也要有一定距离（图1-29、图1-30）。

（2）对饲养人员和车辆要进行严格消毒，切断外来传染源　牛场入口也应设置消毒设施，外来车辆进入场区和饲养人员出入牛舍要消毒（图1-31、图1-32）。

（3）建立场内兽医卫生制度

1）不得把后备牛群或新购入的牛群与成年牛群混养，以防止疫病接力传染。

2）食槽、水槽要保持清洁卫生，定期清洗消毒。粪便要定期清除。

3）牛转群前或牛舍进牛前，要彻底消毒牛舍和用具（图1-33）。

4）定期对牛群进行计划免疫和药物防病，定期驱虫，疫苗接种是防止某些传染病发生的可靠措施，在接种时要查看疫苗的有效期、接种方法及剂量等（图1-34）。预防性用药是根据某些病的发病规律提前用药，应注意各种抗菌类药物交替使用，以防病原菌产生抗药性。

5）养牛场要重视和做好除鼠、防蚊、灭蝇工作。

（4）加强牛群的饲养管理，提高牛的抗病能力

1）供给全价饲料。饲料的营养水平不仅影响牛的生产能力，而且缺乏某些成分可发生相应的

图1-29　规范化牛场设计

图1-30　规范化牛场一角

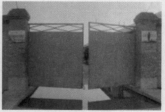
图1-31　车辆消毒池

缺乏症。所以要从正规的饲料厂购买饲料，注意贮存时间不要过长，并防止霉变和结块。在自配饲料时，要注意原料的质量，避免饲料配方与实际应用相脱节（图1-35）。

2）给予适宜的环境温度。适宜的环境温度有利于提高牛群的生产能力。温度过高或过低，都会影响牛群的健康，冷热不定很容易导致牛群呼吸道疾病的发生。

3）维持良好的通风换气条件。牛舍内的粪便及残存的饲料受细菌的作用可产生大量的氨气，加上牛呼吸排出的气体对牛是很有害的。特别是氨气一旦达到使人感觉不适甚至流泪的程度，可导致牛呼吸道黏膜损伤而发生细菌和病毒的感染。要减少牛舍内的有害气体，一方面可采取在不突然降低温度的情况下开窗或排风扇排气，另一方面要保持地面干燥卫生，减少氨气的产生。

4）保持合理的饲养密度。密度过大可造成牛群拥挤和空气中有害气体增多，牛群易患伤寒、球虫病、大肠杆菌病及呼吸道疾病等。

（5）建立兽医疫情处理制度

1）兽医防疫人员每天要深入牛舍观察牛群，有疫情要立即诊断。

2）发现传染病时，隔离病牛，深埋或烧毁死牛。对一些烈性传染病，应及时报告上级兽医机关，并封锁牛场，进行紧急接种，直至最后一头病牛死亡半月后不再有病牛出现，方可报告上级部门解除封锁。

3）对污染的牛舍和用具要进行消毒处理，牛的粪便需要堆积发酵后方可运到场外。

2．扑灭牛群传染病的基本措施

一旦发生传染病，为了扑灭疫情，避免造成大范围流行，必须立即查明和消灭传染源，切断传播途径，提高牛群对传染病的抵抗力。

（1）发现异常，及早做出诊断　发现牛群中有部分牛发病或异常时，应立即请兽医人员亲临现

图1-32　人员消毒通道

图1-33　牛舍消毒

图1-34　牛疫苗接种

图1-35　牛群机械喂料

场，做出病情诊断，并查明发病原因。如果不能确诊，应立即送病料到兽医权威部门进行确诊。必要时应把疫情通知周围牛场和养牛户，以便采取预防措施。

（2）**针对疫情，及时采取防治措施**　当确诊为牛口蹄疫、牛瘟等烈性传染病时，如果为流行初期，应立即对未发病牛进行疫苗紧急接种，以便在短期内使流行逐渐停止。但是，已经感染正在潜伏期的病牛，接种疫苗不但不能使其免疫，反而可能会加速其发病死亡。所以到了流行中期，已经感染而貌似健康的牛数量很多，此时接种疫苗，往往收效不大。当确诊为巴氏杆菌病等细菌性传染病时，在流行初期除用菌苗进行紧急接种外，还可用磺胺类药物或抗生素进行治疗和预防，并加强饲养管理。

（3）**严格隔离和封锁，防止疫情蔓延**　对发生传染病的牛群要进行全部检疫，对检出的病牛要隔离治疗；疑似病牛应隔离观察，对病牛或疑似病牛设专人饲养管理。对发生传染病的牛群和牛场，应及早划定疫区，进行严格封锁（图1-36）。在封锁期间，禁止犊牛、种牛调进或调出。待场内病牛已经全部痊愈或处理完毕，牛舍、场地和用具经过严格消毒后，经2周再无新病例出现，然后再做1次严格大消毒，方可解除封锁。

图1-36　疫区封锁

（4）**坚决淘汰病牛，彻底进行环境消毒**　牛群发病后，对所有病重的牛要坚决淘汰。如果可以利用，必须在兽医部门同意的地点，在兽医监督下加工处理。牛毛、血水、废弃的内脏要集中深埋，肉尸要高温处理。病死牛的尸体、粪便和垫草等应运往指定地点烧毁或深埋，防止猪、犬等扒吃。对被污染的牛舍、运动场及饲养用具，都要用2%~3%的热氢氧化钠等高效消毒剂进行彻底消毒。

第二章

牛病毒性传染病的
鉴别诊断与防治

一、牛口蹄疫

口蹄疫俗称"口疮""蹄癀"，是由口蹄疫病毒感染所引起牛、羊、猪等偶蹄兽的一种急性、热性传染病，以牛易感性最强。本病的主要临床特征为病牛口腔黏膜、唇、蹄部和乳房皮肤发生水疱和溃烂。

流行特点

病牛和带毒牛是本病的主要传染源。病牛各组织器官尤以水疱皮和水疱液中的病毒含量最多，可通过水疱液、唾液、乳汁、精液等分泌物和汗液、尿、粪等排泄物污染车辆、器械、牧场、饲料、水源，甚至可通过空气、来往人员及动物等传播。以直接接触和间接接触的方式传播。如牛食入污染的饲料、饮水经消化道感染；吸入污染的空气或尘埃经呼吸道感染；也可通过与饲喂感染牛群或挤乳工人接触而感染，还可通过人工授精传播等。通过破伤的皮肤和黏膜也可感染发病。

总之，本病的传染性极强，一年四季都可发病。在牧区常表现为秋末开始发病，冬季加剧，春季减缓，夏季平息。流行迅猛，在2~3天内即可波及全群乃至一个地区。

自然感染的牛潜伏期为 2~5 天，最长的可达 21 天。病牛口腔黏膜发炎并以潮红、灼热等为主要特征。病初体温高达 40~41℃，精神萎靡，食欲下降，闭口流涎。经 1~2 天后，在唇、舌、齿龈和颊部黏膜上凸起蚕豆大至核桃大的水疱，口角流涎增多，嘴边流满条状白色泡沫（图 2-1）。食欲废绝，反刍停止，泌乳量下降。经 2~3 天水疱破溃后形成边缘不整齐的红色浅表糜烂区（图 2-2、图 2-3）。体温降至常温时，糜烂面开始愈合并留有瘢痕。病牛全身状况也逐渐好转。在口腔形成水疱的同时或稍后在蹄趾间及蹄冠等皮肤上呈现红、肿、热、痛和水疱（图 2-4），并迅速破溃、糜烂成烂斑，呈现跛行。继发性细菌感染时使局部化脓、坏死蹄匣脱落，迫使病牛卧地。乳头及乳房被侵害时，乳房皮肤发红、肿胀，后有水疱出现。水疱破溃后结痂，形成糜烂斑（图 2-5）。当链球菌、葡萄球菌感染时，乳房急性肿胀，乳汁变稠，类似初乳，泌乳性能降低，甚至停止。犊牛感染后病毒侵害心肌，引发急性心肌炎，病牛全身肌肉颤抖，心跳加快，节率不齐，步态不稳，突然倒地而死于心力衰竭（图 2-6）。

图 2-1　病牛流涎，唇部出现水疱

图 2-2　病牛舌部出现明显糜烂

图 2-3　病牛唇黏膜水泡破裂后形成的烂斑

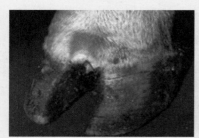

图 2-4　病牛趾间及蹄冠柔软的皮肤红肿、疼痛，出现水疱

图 2-5　病牛乳头水疱及溃后结痂

图 2-6　心肌炎猝死的 2 月龄犊牛

病理变化

口腔、蹄趾部出现水疱和烂斑，咽喉、气管、支气管和前胃黏膜呈现圆形烂斑或溃疡，并有纤维蛋白样或棕黑色痂皮覆盖（图2-7）；皱胃、小肠黏膜严重出血；心包有弥漫性或点状出血，心肌松弛、色浅似煮肉样，心肌切面有灰白色和浅黄色斑点或条纹，似虎皮斑纹（虎斑心）（图2-8）；肺气肿，有的伴发异物性肺炎、化脓性关节炎及乳腺炎等。

图2-7 病牛瘤胃肌柱黏膜有大量圆点状棕黑色的病斑

图2-8 病牛心内膜出血，心肌变性色浅，呈条纹状，似虎皮斑纹（虎斑心）

类症鉴别

病名	与牛口蹄疫的相似点	与牛口蹄疫的不同点
牛瘟	二者均表现精神不振，体温升高，食欲减退，流涎，口腔溃疡	牛瘟的病原为牛瘟病毒；病牛蹄部无病变，患部不出现水疱，由于皱胃、小肠黏膜有坏死性炎症，而出现剧烈的腹泻，病死率很高
牛病毒性腹泻-黏膜病	二者均表现精神不振，体温升高，食欲减退，流涎，口腔黏膜糜烂	牛病毒性腹泻的病原为病毒性腹泻-黏膜病病毒；病牛口腔溃疡糜烂没有明显的水疱过程，糜烂病灶小而且浅表，临床上有明显的腹泻，腹泻可持续1~3周，且主要侵害8月龄以下的牛
牛恶性卡他热	二者均表现精神不振，体温升高，食欲减退，鼻镜、乳房发生丘疹、水疱	牛恶性卡他热的病原为恶性卡他热病毒，多为散发，传染性不及口蹄疫那样强；病牛全身症状明显，而且有眼睑、头部肿胀，眼球发生特异的上翻及角膜混浊等症状，病死率极高
牛水疱性口炎	二者均表现精神不振，体温升高，食欲减退，流涎，口腔溃疡形成水疱	牛水疱性口炎的病原为水疱性口炎病毒；病变主要在口腔，很少侵害到蹄部及乳房皮肤；而且流行范围小，发病率低，极少发生死亡；此外，水疱性口炎除感染牛、猪、羊等偶蹄兽外，还可感染马、骡等奇蹄兽

病名	与牛口蹄疫的相似点	与牛口蹄疫的不同点
牛蓝舌病	二者均表现体温升高（40~41℃），口唇糜烂，流涎，跛行	牛蓝舌病的病原为蓝舌病病毒，流行不快；病牛唇上皮褪色或苍白，口腔黏膜不发生水疱，蹄部不发生水疱和糜烂
牛普通口炎	二者均表现大量流涎，食欲不振，反刍减少	牛普通口炎病例无传染性，体温不高，蹄趾部不出现水疱和糜烂

防控措施

发生口蹄疫时，需用与当地流行的相同病毒型、亚型的减毒活苗和灭活苗进行免疫接种。平时也应加强免疫预防工作。

对疫区和受威胁区内的健康牛要进行紧急接种疫苗，在受威胁周围的地区建立免疫带以防疫情扩展。一经发现疫情，立即实施封锁、隔离、消毒等措施，疫区屠宰病畜，消灭疫源，并迅速通报疫情。人接触病畜时要严格防护，避免扩散病毒。

二、牛水疱性口炎

牛水疱性口炎是由水疱性口炎病毒感染所引起的一种急性、热性、水疱性传染病。其临床特征为病牛口腔黏膜发生水疱，流涎呈泡沫状，偶见侵害蹄部和乳房皮肤。

流行特点

本病多在一定地区呈点状散发，常在5~10月流行，有明显的季节性。病牛随水疱和唾液排出病毒，健康牛通过唾液和水疱进入损伤的皮肤、黏膜和消化道感染。各种家畜之间（包括偶蹄兽和奇蹄兽）可相互传染。一般认为，污染的饲料、饮水和双翅目昆虫的叮咬是重要的传播媒介。

图2-9　病牛舌黏膜有水疱和烂斑

症状与病变

本病的潜伏期为3~5天，有的长达9天。病牛高热，食欲不振，反刍减少。特征性的症状是在舌、唇黏膜上出现米粒大的小水疱，随后彼此融合形成蚕豆大的大水疱，内含黄色透明液体，水疱破溃后遗留边缘不整的鲜红色烂斑（图2-9）。病牛将舌伸出口外，大量流涎（图2-10），呈丝缕状垂于口角，口渴。有的在蹄部

图2-10　病牛将舌伸出口外，流涎

和乳房皮肤上也发生水疱。病程为 1~2 周，转归良好，极少死亡。

若蹄部病变继发细菌感染，则病程较长。

病名	与牛水疱性口炎的相似点	与牛水疱性口炎的不同点
牛口蹄疫	二者均表现精神不振，体温升高，食欲减退，流涎，口腔溃疡，在口腔、乳房有水疱	牛口蹄疫的病原为牛口蹄疫病毒，传染性强，传播速度快，病牛除口腔外，乳房、蹄部病变严重；牛水疱性口炎流行范围小，发病率低，而且除感染牛、羊、猪等偶蹄兽外，还可感染马、骡等奇蹄兽
牛瘟	二者均表现精神不振，体温升高，食欲减退，流涎，口腔溃疡	牛瘟的病原为牛瘟病毒；病牛乳房、蹄部无病变，患部不出现水疱，由于皱胃、小肠黏膜有坏死性炎症，而出现剧烈的腹泻，病死率很高
牛病毒性腹泻－黏膜病	二者均表现精神不振，体温升高，食欲减退，流涎，口腔溃疡	牛病毒性腹泻－黏膜病的病原为牛病毒性腹泻－黏膜病毒；病牛口腔溃疡、糜烂，没有明显的水疱过程，糜烂病灶小而且浅表，临床上有明显的腹泻，腹泻可持续 1~3 周
牛普通口炎	二者均表现精神不振，体温升高，食欲减退，流涎，口腔溃疡	牛普通口炎的病因是采食粗硬的饲料，饲料不洁或混有尖锐的异物，或误食有刺激性的物质，如生石灰、氨水和高浓度刺激性强的药物等；口腔溃疡过程很少有水疱形成，且发病范围小，没有传染性

1）严格封锁疫区，被污染的场地和用具用 2% 氢氧化钠或 1% 福尔马林溶液消毒。

2）以当地病牛组织或血毒制备的结晶紫甘油疫苗，或鸡胚结晶紫甘油疫苗进行预防注射。

本病发病快，病程短，病情一般不严重，所以，只要加强护理并适当用药，效果甚佳。如口腔黏膜有烂斑时，可用 0.1% 高锰酸钾溶液冲洗口腔，而后涂抹冰硼散或 50% 碘甘油，配合病毒唑（林巴韦林）肌内注射。此外，应给予柔软易消化的食物，防止口腔再遭损伤，促进患部痊愈。如果出现虚弱时，可补液强心。

三、牛瘟

牛瘟也称烂肠瘟，是由牛瘟病毒感染所引起的一种急性、热性、病毒性传染病，其临床特征为体温升高，病程短，黏膜（特别是消化道黏膜）发炎、出血、糜烂和坏死。

牛对本病易感性最大，其次是羊、骆驼、鹿等，猪也可能感染。主要通过病牛和健康牛直接接触传染，污染的饲料、饮水、用具等都是重要的传播媒介。传播途径主要是消化道。

本病潜伏期为3~10天。病初牛体温高达40℃以上，精神委顿，厌食，反刍迟缓甚至停止，大便干而少；呼吸、脉搏增快，常见病牛咳嗽不久，出现黏膜的炎症变化。眼结膜和鼻黏膜发炎，分泌物初为浆液性，逐渐变为黏液性和黏液脓性（图2-11），结膜表面有微薄的伪膜，红色的鼻黏膜上散布有深红色的出血点。口腔黏膜的变化具有特征性，初流涎增加，混有气泡甚至血丝；口腔黏膜颜色潮红，尤以口角、齿龈、颊内面和硬腭最为明显；黏膜表面有灰色或灰白色小点，大小如粟粒，初较坚硬，后渐软，致使黏膜表面如撒上一层面粉或麸皮样；之后有较大的结节发生，联合而成为

图2-11　病牛眼结膜发炎，有浆液性、黏液性、脓性分泌物

整齐、灰色或灰黄色沉淀物，以手抹之易于脱落，留下红色易出血表面，糜烂区边缘不整齐。

当体温下降时，病牛发生腹泻，粪稀如水，异常腥臭，有时排泄物内含有条状黏膜或管状伪膜，长10~30厘米。濒死期病例腹泻加剧，常为出血性，末期排便失禁。母牛有阴道炎，妊娠牛常流产。死亡率在50%以上。

剖检可见，整个消化道黏膜都有炎症和坏死变化。口腔黏膜，特别是唇内侧、齿龈、颊和舌腹面出现糜烂区（图2-12），类似变化也见于咽、舌根背部和食道（图2-13）；皱胃黏膜呈现严重充血，幽门孔和皱襞常有糜烂，有的有炎性渗出物形成的伪膜，易于剥脱；小肠内容物稀薄，含有血液、纤维蛋白和坏死组织的凝块；十二指肠及部分回肠常呈线痕状鲜红条纹，充血、出血及糜烂；盲肠黏膜淋巴结滤泡增生、坏死，并形成小凹陷状溃疡（图2-14）；胆囊肿大，充满黄绿色稀薄的胆汁；肺瘀血、出血，间质水肿，切面可见小化脓灶（图2-15）。

图 2-12　牛唇内侧、齿龈出现糜烂区

图 2-13　病牛咽和舌根背部黏膜充血、出血和糜烂坏死

图 2-14　病牛盲肠黏膜淋巴结滤泡增生、坏死，并形成小凹陷状溃疡

图 2-15　病牛肺瘀血、出血，间质水肿，切面可见小化脓灶

类症鉴别

病名	与牛瘟的相似点	与牛瘟的不同点
牛口蹄疫	二者均表现精神不振，体温升高，食欲减退，流涎，口腔溃疡	牛口蹄疫的病原为口蹄疫病毒；病牛口腔、蹄部病变严重，有大量水疱形成，眼、鼻不发炎，不排恶臭稀粪
牛恶性卡他热	二者均表现精神不振，体温升高，食欲减退，口鼻黏膜充血、坏死、溃烂，腹泻有恶臭，母牛阴门潮红、肿胀，眼流泪	牛恶性卡他热的病原为牛恶性卡他热病毒；多为散发，并与牛群接触有密切关系，有弥漫性角膜炎及纤维素性虹膜炎，面部肿大
牛病毒性腹泻-黏膜病	二者均表现精神不振，体温升高，食欲减退，流涎，口腔溃疡糜烂，拉稀、粪恶臭	牛病毒性腹泻-黏膜病的病原为牛病毒性腹泻-黏膜病毒；病牛口腔、蹄部可出现水疱，眼鼻不发炎，不排恶臭稀粪
牛水疱性口炎	二者均表现精神不振，体温升高，食欲减退，流涎，口腔溃疡糜烂	牛水疱性口炎的病原为牛水疱性口炎病毒；病牛口腔黏膜水疱破裂后所留溃疡面无伪膜覆盖，鼻眼无炎症和分泌物，不排恶臭稀粪，蹄部有水疱；流行时马、骡、驴等也可发病

防控措施

1）注意环境卫生，采取消毒、防疫等综合措施，及时免疫接种。

2）发现可疑病例必须迅速上报，并在确诊后严格执行封锁、检疫、隔离、消毒及毁尸等措施，临近疫区的牛应普遍注射牛瘟疫苗。

四、牛伪狂犬病

牛伪狂犬病是由伪狂犬病病毒感染而引起的一种急性传染病。以局部奇痒、怪叫为特征，有些地区也称之为牛的"怪叫病"。因为本病也有磨牙、流涎等中枢神经系统障碍症状，以前被误认为是狂犬病。后经研究发现，它是由一种泛宿主性的（可感染猪、牛、羊、犬、猫等多种动物）病毒感染而引起的新的传染病，因其症状与狂犬病较为相似，故称之为伪狂犬病。

流行特点 对伪狂犬病易感的动物很多，猪、牛、羊、犬、猫等患病或隐性感染后都可成为本病的传染源。感染后的鼠类粪尿中含有大量病毒，也能传播本病。主要是通过飞沫、饲料、饮水和创伤感染，不同年龄和品种的牛均易感。一般呈地方性流行，冬、春季多发。

临床症状 牛感染伪狂犬病病毒后，一般潜伏期为 3~6 天，常呈急性致死性传染过程，病程为 2~3 天。特征性症状是严重的局部奇痒，可发生于身体的各个部位。奇痒在一般症状出现后不久发生，病牛无休止地抵吮、啃咬、摩擦痒部皮肤，致使局部脱毛、充血以至于损伤，同时兴奋性增高，出现神经症状，发生惊厥、狂躁、转圈、吼叫，但不攻击人、畜。通常体温升至 40℃ 以上，随着病程发展，呈现进行性衰弱、流涎、呼吸困难、磨牙和共济失调，直至痉挛死亡（图 2-16）。

图 2-16　病牛因啃咬、摩擦痒部皮肤，致使局部脱毛、充血以至于损伤，最终惊厥、吼叫、衰竭死亡

病理变化 牛患部变化明显，因剧烈瘙痒而摩擦的部位，皮肤增厚 2~3 倍，皮肤脱毛、擦伤、撕裂、水肿、出血和糜烂。有的糜烂深达皮下和肌肉组织，切开皮肤有大量黄色胶冻样浸润，或混有血液；皮下组织和肌肉有大小不一的出血点；中枢神经症状明显时，脑和脑膜或脊髓膜充血，甚至有小点出血，脑脊髓液过多；肺充血、水肿，或有出血（图 2-17）；消化道黏膜充血和出血；肝脏瘀血、肿大；肝脏、肾脏可见直径 1~2 毫米的灰白色坏死灶；心包、心内膜、心外膜出血，心包积液（图 2-18）。

图 2-17　病牛肺水肿，充血、出血

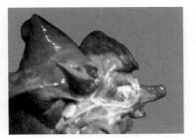

图 2-18　病牛心包及心外膜有出血点

类症鉴别

病名	与牛伪狂犬病的相似点	与牛伪狂犬病的不同点
牛李氏杆菌病	二者均表现精神不振，食欲减退，狂躁，流涎	牛李氏杆菌病的病原为李氏杆菌，牛感染后一般无皮肤瘙痒症状；血液涂片染色镜检，可见单核细胞增多；病料镜检观察，可发现革兰阳性的李氏杆菌；将病料悬液接种于家兔，不出现特殊的瘙痒症状
牛湿疹	二者均表现瘙痒，脱毛	牛湿疹是因潮湿、缺乏矿物元素、消化不良而发病，无传染性；患部鲜红、潮湿、皲裂、结痂
牛皮肤瘙痒症	二者均表现皮肤瘙痒，咬、舔局部，皮肤损伤	牛皮肤瘙痒症病例不出现高温、吼叫、流涎
牛感光过敏	二者均表现吼叫，流涎，皮肤奇痒	牛感光过敏病例因吃了过敏物质（荞麦、贯叶、连翘、野胡萝卜、黄花苜蓿等）而发病；乳房、四肢、胸腹部、口周围均出现疹块
牛螨病	二者均表现瘙痒，脱毛	牛螨病的病原为螨虫；病牛皮肤发红，出现丘疹、痂皮、皲裂；于健病交界处刮取皮屑培养可检见螨虫

防治措施

（1）**隔离饲养**　由于本病病毒是泛宿主性的，可感染多种畜禽，特别是猪，被公认为是重要的带毒者和传染源，因此应严格将牛与猪及其他动物分开饲养，避免相互传染。

（2）**灭鼠、驱鼠**　鉴于鼠类在本病的传播中也是重要的传染源。因此，养牛场和养牛户也应做好灭鼠、驱鼠工作，避免其在牛群和猪群及其他动物间的媒介传播。

（3）**扑杀、封锁、紧急免疫接种和消毒**　当牛群内一旦发现本病时，应按兽医卫生要求，立即封锁疫场，隔离或捕杀病牛，对牛群用伪狂犬病疫苗进行紧急接种，对厩舍及用具进行全面消毒处理。

（4）**免疫接种**　在疫病多发区，对牛群按免疫程序定期用疫苗免疫接种。

现在我国已研制生产出氢氧化铝胶甲醛灭活苗、基因缺失苗及弱毒苗。氢氧化铝胶甲醛灭活苗，皮下 1 次接种，成年牛 10 毫升，犊牛 8 毫升，免疫期为 1 年。弱毒苗和基因缺失苗按说明书使用。

（5）**加强护理，实施对症治疗**　本病一旦发生，没有有效的治疗方法，特别是由于本病发病过程急、死亡快，给临床治疗带来极大困难。一般多采用对症治疗，加强护理，有条件的地方也可同时应用猪、马或抗伪狂犬病高免血清进行治疗，效果较好。

五、牛流行性感冒

牛流行性感冒简称牛流感，是由牛流感病毒感染所引起的一种急性、热性、高度接触性传染病。临床特征为病牛突发高热，流泪，流涎，鼻漏，呼吸急促，四肢关节障碍，精神抑郁。

病牛是本病的主要传染源。病毒主要存在于病牛高热期血液和呼吸道分泌物中。在自然条件下，本病传播媒介为吸血昆虫，经叮咬皮肤而感染。其流行季节北方为 8~11 月，南方可提前，是时正值吸血昆虫活动盛期，当吸血昆虫消失，流行即终止，因此认为吸血昆虫可能在本病的传播上起重要作用。在多雨潮湿的季节容易造成本病的流行。本病传播迅速，短期内可使很多牛感染发病，不同品种、性别、年龄的牛均可感染发病，呈流行性或大流行性，多在 3~5 年流行 1 次。

本病潜伏期为 2~10 天。常突然发病，很快波及全群。体温升高到 40℃ 以上，持续 2~3 天。病牛精神委顿，鼻镜干而热，反刍停止，泌乳量急剧下降。高热时，病牛张口喘气，呼吸急促，全身肌肉和四肢关节疼痛，步态僵硬、不稳，故又名"僵直病"（图 2-19、图 2-20）。高热时，病牛呼吸急促，呼吸数每分钟可达 80 次以上，肺部听诊肺泡音高亢，支气管音粗。眼结膜充血、流泪，鼻漏、流涎，口边粘有泡沫（图 2-21、图 2-22）。发热时，病牛尿量减少，妊娠牛患病时可发生流产。本病病程一般为 2~5 天，有时可达 1 周，大部分为良性经过，多能自愈。

图 2-19　重症牛张口喘气

图 2-20　病牛四肢关节浮肿、疼痛，站立不动，跛行，最后卧倒

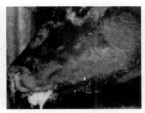

图 2-21　病牛口腔流出大量泡沫状黏液

图 2-22　病牛鼻黏膜潮红，鼻孔流出浆液性鼻液；呼吸困难，关节肿大

病理变化

　　单纯性急性病例的高热期及体温恢复正常不久剖杀的牛，多无特征性病变。本病的剖检变化和病势的轻重有关，主要病变在呼吸道，显示明显肺间质性气肿，部分病例可见肺充血及水肿，肺体积增大（图 2-23），严重病例全肺膨胀充满胸腔，在肺的心叶、尖叶、膈叶出现局限性暗红色乃至红褐色小叶肝变区；气管和支气管充满泡沫状液体（图 2-24）；全身淋巴结呈不同程度的肿大、充血和水肿。实质器官多呈现明显的混浊、肿胀。此外，还可发现关节、腱鞘、肌膜的炎症变化。

图 2-23　病牛肺显著肿大

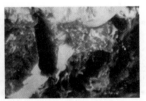

图 2-24　病牛气管内充满大量泡沫状液体

类症鉴别

病名	与牛流行性感冒的相似点	与牛流行性感冒的不同点
牛传染性鼻气管炎	二者均表现精神不振，体温升高，呼吸困难，咳嗽	牛传染性鼻气管炎的病原为牛传染性鼻气管炎病毒；以发热、流鼻液、流泪、呼吸困难及咳嗽为主症；发病无明显季节性，但多发生于寒冷季节
牛蓝舌病	牛蓝舌病在流行季节，症状表现与牛流行性感冒相似	牛蓝舌病的病原为牛蓝舌病病毒；病牛在体温升高后出现明显的舌、咽喉、食管麻痹，因此，在低头时，瘤胃内容物可自口、鼻逆流出来，而且诱发咳嗽
牛普通感冒	二者均表现精神不振，体温升高，呼吸困难，咳嗽，而且临床症状非常相似	牛普通感冒没有传染性和流行性，多因受寒引起；发病无明显季节性，但多发生于寒冷季节

防治措施

　　1）本病一般为良性经过，采取对症治疗及加强护理，如解热、补糖、补液等，数日后病牛即可康复。对重症病例，在加强护理的同时，可采取综合疗法，如解热、抗

炎、强心、补液及兴奋呼吸中枢等。对呼吸困难病例，可进行输氧。此外，也可进行适量静脉放血（1500~2500 毫升），以改善小循环，避免过度肺水肿。对于引起瘫痪的奶牛，在密切重视抗继发感染的同时，在卧地初期，可应用安乃近、水杨酸钠、葡萄糖酸钙等静脉注射；卧地时间较长时，在选择上述药物的同时，在静脉注射液中可加维生素 C、维生素 B_1 和安钠咖及乌洛托品等药物。

2）在本病流行季节到来之前，应用牛流感亚单位疫苗或灭活疫苗预防注射，均有较好的效果。对牛间隔 3 周 2 次免疫接种，注苗后部分牛有局部接种反应和少数牛有一过性反应，奶牛注苗后 3~5 天泌乳量会有轻微的下降。对于假定健康牛及附近受威胁地区牛群，还可用高免血清进行紧急预防。

3）本病是由吸血昆虫为媒介而引起的疾病，因此消灭吸血昆虫及防止吸血昆虫的叮咬，也是预防本病的重要措施。

六、牛恶性卡他热

牛恶性卡他热是由牛恶性卡他热病毒感染所引起的一种急性、热性、病毒性传染病，其临床特征为病牛头部黏膜（主要是上呼吸道、鼻旁窦、眼和口腔黏膜）发生急性卡他性纤维蛋白性炎症，经常伴有角膜混浊和神经症状。本病常呈散发，死亡率很高，几乎达 100%。

本病主要发生于黄牛、水牛、绵羊、山羊，鹿也可感染。黄牛多发于 4 岁以下，老牛少见。常年散发，多见于冬季。

本病潜伏期为 3~8 周，最长可达 4 个月。体温升高至 40~42℃，病牛精神沉郁，被毛粗乱，于发病的第 1 天末或第 2 天发生黏膜病变。依据临床症状可分为头眼型、肠型和皮肤型 3 种。

（1）头眼型　病牛眼结膜发炎，畏光流泪，之后角膜混浊、呈蓝色，甚至溃疡、眼球萎缩、失明（图 2-25、图 2-26）。鼻腔、喉头、气管、支气管及额窦发生卡他性及伪膜性炎症，呼吸困难，喘鸣。炎症可蔓延至鼻旁窦、额窦、上颌窦、角窦；两角基部发热，甚至角根松动、脱落；鼻镜皮肤先充血，后坏死、糜烂、结痂；口腔黏膜先充血，后出现灰白色丘疹及糜烂，流涎（图 2-27、图 2-28）；鼻黏膜充血、肿胀；脑膜血管充血、扩张，切面实质有小出血点，脑室液增多，大脑及小脑呈急性非化脓性脑膜脑炎；体表淋巴结肿大。病程为 5~21 天。

（2）**肠型** 病牛口腔黏膜充血，出现伪膜，后脱落成为糜烂及溃疡（图 2-29~图 2-31），流涎，初便秘后下痢，便中常常有血块。有时皱胃有烂斑，肾脏、心肌严重变性，肺充血、水肿；淋巴结水肿、出血；脾脏轻度至中度肿大。

（3）**皮肤型** 病牛在颈、背、乳房等部发生丘疹、水疱，并形成褐色结痂，有时转为脓肿。

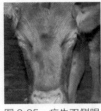
图 2-25 病牛双侧眼角膜变蓝色

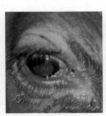
图 2-26 病牛眼结膜充血，角膜混浊，流泪

图 2-27 病牛失明，口腔流出泡沫样涎液

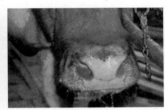
图 2-28 病牛口腔流涎

图 2-29 病牛舌根大面积溃疡

图 2-30 病牛齿龈溃疡

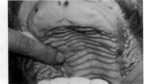
图 2-31 病牛上腭溃疡

类症鉴别

病名	与牛恶性卡他热的相似点	与牛恶性卡他热的不同点
牛瘟	二者均表现精神不振，体温升高，食欲减退，口鼻黏膜充血、坏死、溃烂，腹泻有恶臭，母牛阴门潮红肿胀，眼流泪	牛瘟的病原为牛瘟病毒，常呈流行性发生，传播迅速；患牛特征性临床症状与病变是腹泻，粪便中混有血液、黏液和伪膜，病死率很高，而且没有像恶性卡他热那样有明显的眼部病变和神经症状
牛口蹄疫	二者均表现精神不振，体温升高，食欲减退，口腔黏膜充血、坏死、溃烂	牛口蹄疫的病原为牛口蹄疫病毒，为烈性传染病，可呈大面积流行，除牛发生外其他偶蹄兽如猪、羊等也可感染；病牛除在口腔、鼻镜、蹄趾间及乳房发生水疱、烂斑外，临床上没有如恶性卡他热那样有明显眼部病变与角膜混浊等现象
牛传染性角膜结膜炎	二者均表现精神不振，体温升高，眼结膜发炎，畏光流泪，角膜混浊	牛传染性角膜结膜炎的病原为牛传染性角膜结膜炎病毒；病牛临床症状及病变集中在眼部，没有全身症状，病死率很低

本病主要根据其流行特点进行预防，目前还无特效治疗药，一般常试用广谱抗生素及其他对症疗法，而同时加强护理提高病牛抵抗力，争取好转和康复。

七、牛痘

牛痘是由牛痘病毒感染引起的一种病毒性传染病，其临床特征为病牛乳房或乳头上出现局部痘疹，并且具有典型的病程（丘疹→水疱→脓疱→结痂），很少表现全身症状，一般呈良性经过。

流行特点

其主要传染源是牛痘病毒感染的牛或者近期接种痘苗（为预防天花）的人，可通过直接接触或间接接触（如手工挤乳时，给病牛挤乳后再给健康牛挤乳）传播，也可通过呼吸道黏膜传播。

临床症状

本病的潜伏期为 5 天左右。病牛最初只出现局部红斑，于 2 天内变成坚实、隆起的丘疹，约第 4 天可见到微黄色小水疱，内含透明淋巴液，随后成熟，中央下凹成脐状，以后蓄脓、破溃，产生一个直径为 1~2 厘米的坚硬痂块，痂块附着牢固。若为痘苗病毒感染时，病程较急，消失也快；牛痘病毒感染时病程拖延较久，而且结痂颜色较暗；气源性感染时可发生高热的全身症状。一个牛群感染后，通常持续 3~10 周。痊愈后留有痘疤。在一般情况下，10~15 天即愈，若在不良环境条件下，可引起实质性乳腺炎。在公牛中，少数病例在阴囊上发生与母牛乳房上相似的痘疹。

水牛痘为另一种正痘病毒。发病常限于水牛，极少传染黄牛。痘疹发生于耳的内、外面，有时也发生于眼的周围。一般无全身症状。

类症鉴别

病名	与牛痘的相似点	与牛痘的不同点
牛传染性脓疱病（牛口疮）	二者均表现精神不振，食欲减退，体温升高，唇、鼻皮肤出现小结节，继而形成水疱或脓疱，而后结棕色痂	牛传染性脓疱病的病原为牛传染性脓疱病病毒；病牛去痂后露出凹凸不平呈桑葚状的肉芽组织，易出血，如形成瘘管，压之流脓；硬腭、齿龈易溃疡成片，有时舌尖可烂掉
牛口蹄疫	二者均表现精神不振，食欲减退，乳房、蹄部、口、舌有水疱，气管、支气管和前胃黏膜有溃疡	牛口蹄疫的病原为牛口蹄疫病毒；蹄趾间水疱破裂成溃疡，跛行；用生物素标记探针技术检测口蹄疫病毒，特异性强

1）局部病灶可用无刺激性的消毒药（如 0.1% 高锰酸钾溶液）洗涤，擦干后涂抹消炎软膏。也可用碘酊或 1% 甲紫涂搽，以促进其愈合，防止继发细菌性感染。

2）平时对牛加强饲养管理，注意环境卫生。

3）一旦发生本病，需采取隔离消毒措施，畜舍地面、用具等用 1%~2% 氢氧化钠或 10% 石灰乳进行消毒。

4）由于牛痘可传染给人，引起皮肤病灶，故发生牛痘时，养殖人员应设法做好自身的防护。

5）由于人类为预防天花而接种痘苗后也可由接触而传染给牛，引起牛群感染，故凡初次接种痘苗而接种创尚未愈合的人，禁止与牛接触。

八、牛病毒性腹泻 - 黏膜病

牛病毒性腹泻 - 黏膜病，简称牛病毒性腹泻，是由牛病毒性腹泻 - 黏膜病病毒感染所引起的一种病毒性传染病。其临床特征为病牛发热，厌食，鼻漏，咳嗽，腹泻，消瘦，白细胞数减少，消化道黏膜发炎、糜烂。

本病的传染源是患病动物及带毒动物，其鼻漏、泪水、乳汁、尿粪便及精液均含有病毒。康复牛可带毒 200 天，在肠淋巴结中可带毒 40 天。自然发病仅见于牛，各种年龄牛都有易感性，但幼龄牛易感性较高。

本病通过直接接触和间接接触而传播。发病有一定季节性，一般冬季发病率较高，舍饲及放牧牛都可发病。肉牛比奶牛更为常见。在封闭式牛群中可呈暴发性。犊牛发病率高，死亡率也高。有黏膜病存在的地区，牛群中只见散发病例，大多数呈隐性感染，血清阳性率可达 50%~90%。牛群感染本病后，可产生坚强而持久的免疫力。

急性病例潜伏期为 7~14 天，人工感染潜伏期为 2~4 天。

发病时，大多数牛群仅见少数轻型病例，多数是无症状的隐性感染。但急性病例可突然发病，体温升高到 40~42℃，白细胞减少，精神沉郁，厌食，腹泻，流涎，鼻腔流出浆性的甚至黏性的液体，泌乳量锐减；咳嗽，呼吸急促。口腔黏膜充血糜烂，这种充血糜烂也可见于鼻孔、鼻镜、阴门及阴道。腹泻是特征性症状，腹泻可持续 1~3 周，先期粪呈水样，而后逐步变为黏稠，恶臭。急性病例中犊牛较多见。有些病牛变为慢性，此时病牛消瘦，生长发育受阻；持续或间歇性腹泻，出现跛行，类似腐蹄病。病程较长，可持续数月。

病理变化

病变主要在消化道和淋巴结。尸体消瘦。鼻孔有糜烂及浅溃疡；齿龈、上腭、舌面两侧及颊部黏膜有糜烂、溃疡（图 2-32、图 2-33）；严重病例在咽喉黏膜有溃疡及化脓性坏死灶（图 2-34）；食道黏膜的糜烂大小、形状不一（图 2-35）；瘤胃黏膜偶见出血和糜烂，皱胃黏膜水肿和糜烂。肠壁水肿，肠集合淋巴结有出血和坏死变化；小肠有急性卡他性炎症，以空肠、回肠最严重（图 2-36）。盲肠、结肠、直肠有卡他性、出血性、溃疡性及坏死性炎症。有些病例在趾间有糜烂或溃疡，甚至坏死。

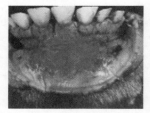

图 2-32　病牛齿龈黏膜糜烂

图 2-33　病牛腭部黏膜溃疡

图 2-34　病牛咽喉部黏膜化脓性坏死灶

图 2-35　病牛食道黏膜糜烂（条状出血）

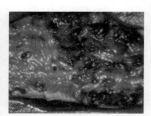

图 2-36　病牛肠道黏膜出血、坏死

类症鉴别

病名	与牛病毒性腹泻－黏膜病的相似点	与牛病毒性腹泻－黏膜病的不同点
牛瘟	二者均表现精神不振，体温升高，食欲减退，流涎，口腔溃疡糜烂，拉稀、粪恶臭	牛瘟的病原为牛瘟病毒，病牛腹泻剧烈，小肠黏膜有坏死性炎症，病死率很高；而患牛病毒性腹泻－黏膜病的牛腹泻粪便从水样逐步变为黏稠，小肠黏膜主要是卡他性炎症，肠淋巴结肿大，病死率不高，病程比牛瘟长
牛口蹄疫	二者均表现精神不振，体温升高，食欲减退，流涎，口腔溃疡糜烂	牛口蹄疫的病原为牛口蹄疫病毒，以病牛口腔、唇内面、齿龈、颊部黏膜及蹄冠皮肤、趾间、乳头等处出现水疱为特征，病死率低，传染性强；而患牛病毒性腹泻－黏膜病的牛口腔黏膜虽有糜烂病灶，但无明显水疱过程，此外，患牛病毒性腹泻－黏膜病的牛会发生严重的腹泻，腹泻可呈持续性，病程长，有一定的病死率

病名	与牛病毒性腹泻－黏膜病的相似点	与牛病毒性腹泻－黏膜病的不同点
牛水疱性口炎	二者均表现精神不振，体温升高，食欲减退，流涎，口腔溃疡糜烂	牛水疱性口炎的病原为牛水疱性口炎病毒，病牛口腔有水疱及糜烂面；而患牛病毒性腹泻－黏膜病的牛口腔黏膜虽也会有糜烂病灶，但无明显水疱过程。而且水疱性口炎除可感染偶蹄兽外，还可感染奇蹄兽，且在自然情况下发病率低，发生死亡者极少，也没有腹泻的症状
牛恶性卡他热	二者均表现精神不振，体温升高，食欲减退，口腔黏膜充血、坏死、溃烂，鼻黏膜、鼻镜发炎、坏死	牛恶性卡他热的病原为牛恶性卡他热病毒；病牛眼睑、头部肿胀，眼球发生特异的上翻状态，眼角膜混浊，全身症状比较重，多为散发，病死率高
牛传染性鼻气管炎	二者均表现精神不振，体温升高，呼吸困难，鼻黏膜、鼻镜发炎、坏死	牛传染性鼻气管炎的病原为牛传染性鼻气管炎病毒，病牛有脓性鼻漏，鼻黏膜高度充血及出现浅表性溃疡和坏死，其病变主要为呼吸道黏膜呈现炎性变化及浅溃疡；而患牛病毒性腹泻－黏膜病的牛表现严重的腹泻，剖检可见胃肠呈卡他性、出血性、溃疡性乃至坏死性炎症
牛蓝舌病	二者均表现精神不振，体温升高，呼吸困难，鼻黏膜、鼻镜发炎、坏死	牛蓝舌病的病原为牛蓝舌病病毒，病牛舌充血、发绀、呈紫蓝色，蹄冠、蹄叶发炎；而患牛病毒性腹泻－黏膜病的牛常发生剧烈腹泻，此症状蓝舌病是没有的

防治
措施

　　目前无特效治疗办法，但用消化道收敛剂及补液，可缩短恢复期。

　　国内外均制成了弱毒疫苗，对断奶前后数周内的牛进行预防接种。对受威胁较大的牛群应每隔 3~5 年接种 1 次，育成母牛和种公牛于配种前再接种 1 次，多数牛可获得终生免疫。

　　应严禁从病区购进牛只。发病牛群要做好隔离消毒工作，防止疫情发展。

九、牛传染性鼻气管炎

　　牛传染性鼻气管炎是牛的一种急性、热性、接触性传染病。其临床特征为病牛鼻道、气管黏膜发炎，出现发热、咳嗽、流鼻液和呼吸困难等症状，有时伴发结膜炎、阴道炎、龟头炎、脑膜脑炎或肠炎，也可发生流产。

本病育肥牛多发。病牛和带毒牛是传染源，有的病牛康复后带毒时间长达17个月以上。病毒随鼻、眼和阴道分泌物、精液排出，易感牛接触被污染的空气飞沫或与带毒牛交配，即可通过呼吸道或生殖道传染。饲养密集、通风不良，可增加接触机会，因此，本病多发于冬、春季舍饲期间。牛群发病率为10%~90%，病死率为1%~5%，犊牛病死率较高。

本病潜伏期为3~7天，有时达20天以上。根据侵害的组织不同，本病主要有以下几种临床类型，但是它们往往是不同程度地同时存在，很少单独发生。

（1）呼吸道型　此型为最主要的一种类型。病牛高热40℃以上，咳嗽，呼吸困难，流泪，流涎，流黏液脓性鼻液（图2-37、图2-38）。鼻黏膜高度充血，有散在的灰黄色小脓疱或浅而小的溃疡。鼻镜也发炎充血，呈火红色，故有"红鼻子病"之称（图2-39）。病程为7~10天。以犊牛症状急而重，常因窒息或继发感染而死亡。死后主要病变为鼻道、喉头和气管炎性水肿，黏膜表面黏附灰色伪膜。

（2）结膜角膜型　多与上呼吸道炎症合并发生。轻者结膜充血，眼睑水肿，大量流泪；重者眼睑外翻，结膜表面出现灰色伪膜，呈颗粒状外观，角膜呈轻度云雾状，流黏液脓性眼眵。

（3）生殖器型　主要见于性成熟的牛，多由交配传染。母牛患本病型又称传染性脓疱性外阴阴道炎。病牛尾巴竖起挥动，频尿，阴门流黏液脓性分泌物（图2-40）。外阴和阴道黏膜充血肿胀，散在有灰黄色粟粒大的脓疱，严重时黏膜表面被覆灰色伪膜，并形成溃疡，甚至发生子宫内膜炎（图2-41、图2-42）。公牛患本病型又称传染性脓疱性包皮龟头炎。病牛龟头、包皮内层和阴茎充血，形成小脓疱或溃疡。同时，多数

图2-37　病牛呼吸困难

图2-38　病牛流鼻液并流泪

图2-39　患病犊牛鼻孔周围皮肤结痂，痂下充血，呈"红鼻子"病变

病牛精囊腺变性、坏死。种公牛失去配种能力，或康复后长期带毒，应坚决淘汰。

图 2-40　患病母牛频繁摆尾

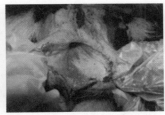
图 2-41　患病母牛阴道黏膜出血

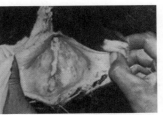
图 2-42　患病母牛阴道黏膜溃疡化脓

（4）流产不孕型　如果是妊娠牛，可在呼吸道和生殖器症状出现后的 1~2 个月内流产，也有突然流产的。流产胎儿肝脏、脾脏局部坏死，有时皮肤水肿。如果是非妊娠牛，则可因卵巢功能受损害导致短期内不孕。

（5）脑膜脑炎型　仅见于犊牛。在出现呼吸道症状的同时，伴有神经症状，表现沉郁或兴奋，视力障碍，共济失调，甚至倒地，惊厥抽搐，角弓反张。病程为 1 周左右，病死率为 50% 以上。

（6）肠炎型　见于 2~3 周龄的犊牛。在发生呼吸道症状的同时，出现腹泻，甚至排血便。

类症鉴别

病名	与牛传染性鼻气管炎的相似点	与牛传染性鼻气管炎的不同点
牛流行热	二者均表现精神不振，体温升高，呼吸困难，咳嗽	牛流行热的病原为牛流行热病毒，发病有明显的季节性，主要发生在吸血昆虫活动盛期的 6~10 月，流行面广；而牛传染性鼻气管炎以流鼻漏、呼吸困难及咳嗽为主，多发生于寒冷季节
牛恶性卡他热	二者均表现精神不振，体温升高，呼吸困难，咳嗽	牛恶性卡他热的病原为牛恶性卡他热病毒，病牛可见明显的角膜混浊；而牛患传染性鼻气管炎，当炎症危及眼部时，则会发生结膜角膜炎，角膜呈轻度云雾状
牛肺坏疽	二者均表现体温升高（39~40℃），咳嗽，流鼻液，呼气臭	牛肺坏疽病例无传染性，病前有误咽或投药的情况，而后出现呼吸增数，肺听诊有啰音、水泡音，咳嗽或低头时即流大量鼻液；镜检鼻液（咳出物）可见弹性纤维

病名	与牛传染性鼻气管炎的相似点	与牛传染性鼻气管炎的不同点
牛鼻旁窦炎	二者均表现体温升高（39~40℃），咳嗽，流鼻液，呼气臭	牛鼻旁窦炎病例无传染性，一般体温不高，不咳嗽，鼻旁窦叩诊浊音，常为一侧流鼻液，鼻镜不红，鼻黏膜不出现浅溃疡

本病目前无特效药物治疗，但为了阻止继发感染，减少死亡率，可应用广谱抗生素或磺胺类药物，并进行综合性对症处置。

预防本病的关键是防止传染源侵入牛群，引进牛只时，一定要先隔离检疫3周，对种公牛要采精检验，确认健康后方可混群或参加配种。暴发本病时，应立即隔离封锁，同时对妊娠牛以外的所有牛只接种弱毒疫苗，老疫区只对5~7月龄犊牛接种疫苗。具体方法参照疫苗说明书。

十、新生犊牛病毒性腹泻

新生犊牛病毒性腹泻是由多种病毒引起的急性腹泻综合征。其临床特征为精神委顿、厌食、呕吐、腹泻、脱水、体重减轻，常见的病原体有呼肠孤病毒科的轮状病毒和冠状病毒科的新生犊牛腹泻冠状病毒。此外，细小病毒、杯状病毒、星形病毒、腺病毒和肠道病毒也能引起新生犊牛腹泻，它们往往与大肠杆菌或隐孢子虫共同呈现致病作用。这些病毒对外界环境的抵抗力都比较弱，常用消毒药均能迅速将其杀灭。

1~7日龄新生犊牛容易发生轮状病毒性腹泻，冠状病毒性腹泻则以2~3周龄的犊牛多发。病牛和带毒牛是主要传染源，病毒随粪便排出，经消化道感染健康牛，也可经呼吸道传播。

本病一旦流行，常成群暴发，发病率高，死亡率低。初乳不足、气候寒冷、卫生不良等因素可诱发本病，并增加死亡率。

本病发于秋季。

患病犊牛精神委顿，体温正常或略有升高，厌食。排黄色或浅黄绿色液状稀粪（图2-43），有时带有黏液或血液，严重时，呈喷射状排出水样便，有轻度疼痛。若腹泻延长，则脱水明显，严重的急性脱水和酸中毒常导致病犊牛急性死亡。

剖检可见肠内容物稀薄，大、小肠黏膜充血、出血（图2-44），肠黏膜易脱落，空肠、回肠绒毛萎缩，肠系膜淋巴结水肿。

图 2-43　患病犊牛排黄色稀便

图 2-44　病牛小肠黏膜充血、出血

类症鉴别

病名	与新生犊牛病毒性腹泻的相似点	与新生犊牛病毒性腹泻的不同点
牛沙门菌病	二者均表现精神不振，体温升高，下痢	牛沙门菌病的病原为沙门菌；以发热、下痢为主要特征，粪便带血、恶臭；胃肠黏膜和浆膜上有出血斑；抗生素治疗有效
犊牛梭菌性肠炎	二者均表现精神不振，体温升高，下痢	犊牛梭菌性肠炎的病原是魏氏梭菌；以排血便为特征；主要病变是小肠黏膜出血、坏死；抗生素治疗有效
牛球虫病	二者均表现精神不振，体温升高，下痢	牛球虫病的病原为球虫；以恶臭的血痢和直肠黏膜出血与溃疡为主要表现；取肠黏膜和粪便压片检查，可见球虫卵囊

防治措施

预防本病可采取保持环境卫生和药物预防措施。母牛于临产前喂给平衡饲料，犊牛要吃足初乳，同时可口服促菌生或乳康生（用量参照说明书），加强环境卫生消毒和保暖防寒等。

治疗时，主要采取对症治疗，如静脉输液防止脱水和酸中毒，口服肠道收敛剂止泻，使用抗菌药物防止继发感染等。

十一、牛蓝舌病

牛蓝舌病是由牛蓝舌病病毒引起、由昆虫传播的一种非接触性病毒性传染病。其临床特征为病牛发热，白细胞减少，口腔、鼻腔和胃肠黏膜发生溃疡性炎症。由于病牛的舌、齿龈、颊部黏膜充血肿胀、瘀血后变为蓝紫色，故名蓝舌病。本病一旦流行，传播迅速，发病率高，病情危急而大量死亡，且不易消灭。

流行特点

病牛和病后带毒牛是本病的主要传染源。牛、山羊和鹿等反刍动物感染后多数成为无症状带毒者，因此也是重要的传染源。病毒存在于病牛的血液和各脏器中，且以发热期含量最高。精液可以带毒，因此交配也可水平传播，经胎盘可感染胎儿，即垂直传播。主要通过吸血昆虫库蠓叮咬传播，因此本病有明显的季节性，尤其是湿热的夏季和初秋发病较多。

临床症状

本病自然感染的潜伏期为 5~7 天。病牛体温达 42℃，精神沉郁，食欲废绝，嘴唇、舌、咽、胸垂发生水肿；口腔黏膜潮红、发绀；齿床、齿龈、舌和唇边缘出现烂斑；鼻孔内积有浓稠鼻漏，呼吸困难，咳嗽，流涎（图 2-45）；有时可见出血性下痢；蹄部皮肤上有线状或带状紫红色斑，脚趾间皮肤坏死，跛行；肋部、腹部、会阴、乳房和乳头皮肤出现斑块状皮炎。妊娠牛流产、死胎，新生犊牛先天畸形和脑积水、大脑半球变小。病初白细胞减少，后白细胞增多，贫血。病程为数日至 2 周。

图 2-45　病牛鼻孔内积有浓稠鼻漏，呼吸困难，咳嗽，流涎

病理变化

剖检可见口腔、瘤胃、心、肌肉、皮肤和蹄部、舌、齿龈、硬腭、颊与上唇黏膜糜烂、水肿，表皮脱落形成溃疡面；瘤胃黏膜有深红色区和坏死灶；心外膜有点状或斑状出血，蹄冠周围皮肤出现线状充血带。严重者消化道黏膜有坏死或溃疡，脾脏肿大，淋巴结和肾脏充血、肿大，肺动脉、呼吸道黏膜有出血点（图 2-46），有时有蹄叶炎变化。

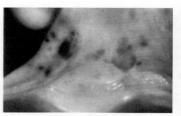
图 2-46　病牛肺动脉内侧出血

类症鉴别

病名	与牛蓝舌病的相似点	与牛蓝舌病的不同点
牛口蹄疫	二者均表现精神不振，食欲减退，口腔溃疡，流涎，蹄冠、蹄叶发炎，跛行	牛口蹄疫的病原为牛口蹄疫病毒，是一种高度接触性传染病，牛、羊、猪易感性强，感染发病临床症状典型而明显；牛蓝舌病的病原为牛蓝舌病病毒，主要通过库蠓叮咬传播，且蓝舌病毒不感染猪，人工接种不能使豚鼠感染。口蹄疫的糜烂性病理损害是由于水疱破溃而发生；而蓝舌病虽有上皮脱落和糜烂，但不形成水疱

病名	与牛蓝舌病的相似点	与牛蓝舌病的不同点
牛传染性脓疱病	二者均表现精神不振，食欲减退，口腔溃疡，流涎，蹄冠、蹄叶发炎，跛行	牛传染性脓疱病的病原为牛口疮病毒，幼龄牛发病率高；病牛口唇、鼻端出现丘疹和水疱，破溃以后形成疣状厚痂，痂皮下为增生的肉芽组织；病牛特别是年龄较大者，一般不显严重的全身症状，无体温反应
牛病毒性腹泻－黏膜病	二者均表现体温升高（41℃），口唇糜烂，流涎，有时呈蹄叶炎，跛行	牛病毒性腹泻－黏膜病的病原为牛病毒性腹泻－黏膜病病毒；病牛腹泻如水、呈瓦灰色、恶臭，有时呈浅灰糊状（具特征性）
牛恶性卡他热	二者均表现体温升高（41~42℃），口腔糜烂，口、鼻流黏液，呼吸增数	牛恶性卡他热的病原为牛恶性卡他热病毒，多为散发；病牛口、鼻黏液垂如线可及地面，涎臭，眼结膜角膜发炎，角膜混浊，头肿大，角松，拉稀、恶臭

1）本病危害很大，一旦发病，立即封锁，迅速上报。病牛隔离，细心护理，防止吸血昆虫叮咬。

2）本病无特效疗法，可参照口蹄疫的方法处理口、蹄部病变，防止继发感染。

3）在流行地区，最有效的措施是接种疫苗。目前，国外生产的疫苗有弱毒冻干疫苗，也可用灭活苗。由于蓝舌病病毒型多，每型产生的抗体，只能保护动物不受同型病毒的感染。因此，需使用含当地毒型的多价疫苗，才能起到保护作用。

4）严加防范，严禁从有本病的地区引进牛、羊，消灭传播媒介——库蠓。定期药浴，驱除体外寄生虫。

十二、牛白血病

牛白血病，又称牛造血细胞组织增生、牛淋巴肉瘤、牛恶性淋巴瘤、牛地方性白细胞组织增生等，是由牛白血病病毒感染所引起的一种病毒性传染病。其主要临床特征为病牛淋巴细胞异常增生或出现淋巴肉瘤。

在自然条件下，本病主要发生于牛。奶牛最易感，肉牛次之。随着年龄的增大，发病率也明显增加，尤以 4~8 岁的成年母牛最易发病。

病牛和带毒者是本病的传染源。其传播途径一般可分为 2 种：

（1）水平传播 通过污染的乳、尿、粪、唾液和接种等途径直接传播。为此，牛群越大，牛舍越拥挤，则发病率越高。近年来，有报道认为吸血昆虫对本病传播起到重要的作用。当吸血昆虫吸吮带病毒牛血液后，再吸取健康牛血液时，即可引起本病传播。另外，吸血蝙蝠也可通过机械带毒方式远距离传播。

（2）**垂直传播** 本病发生有家族史，与遗传有关。据报道，易感牛的家族发病率可达 30%~100%。不论公牛或母牛都可能传染给后代。另外，感染的母牛在分娩时，可将病毒经子宫传给胎儿。

感染病毒以后，多数牛表现为隐性感染，仅在血液中可查到相应抗体。少数牛发生持续性淋巴细胞增生。只有 2%~5% 发生淋巴肉瘤。

本病临床上常表现为地方性流行型和散发型 2 种。前者主要发生于 3 岁以上的牛，5~8 岁发病率最高，称为成年牛淋巴肉瘤。后者可发生于不同年龄的牛，如发生于 6 月龄以内的犊牛，称为犊牛型淋巴肉瘤；发生于 1~2 岁的青年牛，以胸腺瘤细胞浸润为主，称为胸腺型淋巴肉瘤。

临床症状

临床上一般分为亚临床型和临床型 2 种。

（1）**亚临床型** 其特点是临床上无肉瘤形成，主要为淋巴细胞增生，无明显全身症状，泌乳量明显下降。除个别牛可转变为临床型以外，其他牛可持续多年甚至终生不恶化。

（2）**临床型** 病初，牛体温正常，消瘦，贫血，泌乳量明显下降。体表淋巴结如颌下、肩前、股前、乳房上淋巴结肿大，触诊无痛、无热，能滑动（图 2-47、图 2-48）。当肿瘤性淋巴细胞大量增殖，向多组织器官弥漫性浸润时，常形成肿瘤硬块。易侵害的部位为皱胃、子宫、心脏、胸腔及膀胱等，同时出现相应的临床表现。如眼眶内被肿瘤细胞浸润时，可使眼球凸出（图 2-49）；腹腔脏器受侵害时，可表现为消化不良，瘤胃臌气，顽固性下痢，甚至排带血的黑色粪；胸腔淋巴肉瘤形成后，常出现呼吸困难；脊髓受侵害时，病牛则出现共济失调或后肢麻痹而卧地不起等；膀胱内外有肿瘤时，则排尿障碍。严重病牛，血液检查时，白细胞总数增至 30000 个 / 毫米^3。淋巴细胞的比例异常增高，可达 90% 以上，其中未成熟的淋巴细胞占优势。一般出现症状后数周或数月内死亡。

病理变化

尸体剖检的特征为消瘦，贫血。体表淋巴结肿大 3~5 倍、出血（图 2-50），被膜紧张，呈灰白色或浅黄色，柔软，切面外翻，呈鱼肉状；肠系膜淋巴结肿大、出血

（图 2-51）；脾脏肿大、出血（图 2-52）；肝脏表面有出血斑（图 2-53）；心肌出血（图 2-54），心脏、皱胃和子宫易发生浸润，实质增厚数倍，变硬；脊髓、肾脏、肌肉、神经干和其他器官也可被浸润，出现白色坚实的肿瘤块。组织学检查：肿瘤含有致密的基质和两种细胞：一种是淋巴细胞，直径为 8~10 微米，具有一个中心核和丛集的染色质；另一种是成淋巴细胞，直径为 12~15 微米，核内至少有一个明显的核仁。在肿瘤中，这些肿瘤细胞代替正常细胞，并常见核分裂现象。

图 2-47　病牛胸前部皮肤明显隆起，皮下形成大而光滑的肿块

图 2-48　病牛颈浅（肩前）与髂下（股前）淋巴结肿大，明显凸出于体表

图 2-49　病牛肉瘤病变致使左眼凸出

图 2-50　病牛肩前淋巴结肿大、出血

图 2-51　病牛肠系膜淋巴结肿大、出血

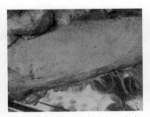
图 2-52　病牛脾脏肿大、出血

图 2-53　病牛肝脏表面有出血斑

图 2-54　病牛心肌出血

类症鉴别

病名	与牛白血病的相似点	与牛白血病的不同点
牛结核病	二者均表现消瘦，贫血，体表淋巴结肿大，泌乳量下降	牛结核病的病原为牛结核分枝杆菌；病牛不出现淋巴细胞恶性增长；剖检特征是患部形成结核结节，同时血象变化不明显，结核菌素试验呈阳性反应；抗生素治疗有效

防治措施

本病尚无特殊疗法，一般以预防为主。

1）没有发生本病的牛群，引进种牛时，要进行白血病检疫，结果为阴性的种牛才能引入。

2）如果牛群中发现病牛，要及时隔离，严重时要及时淘汰。除肿瘤已全身转移的病牛以外，肉、皮均可利用，但血液或内分泌腺体不允许制造治疗用药或食品。病牛乳需经消毒后方可食用。对其余牛只要加强监督，每年进行 2 次临床和血液学检查，必要时进行血清学检查。患病公、母牛所繁殖的犊牛不能留作种用。

3）加强牛舍的卫生防疫工作，尤其在夏季做好灭蚊灭蝇工作，以减少吸血昆虫的传播机会。

4）临床上采用对症综合治疗，可缓解病情，但不利于本病的综合预防。

十三、牛轮状病毒感染

牛轮状病毒感染是由牛轮状病毒所引起的一种犊牛急性胃肠道传染病，以精神委顿、厌食、呕吐、腹泻、脱水为主要临床特征。

流行特点　本病主要发生于犊牛，发病日龄主要为 15~90 日龄。春、秋季发病较多。病毒存在于肠道，随粪便排出体外，经消化道感染。轮状病毒有交互感染的作用，可以从人或一种动物传给另一种动物，只要病毒在人或一种动物中持续存在，就有可能造成本病在自然界中长期传播。从胎牛收集的血清样品中，有 46% 检出轮状病毒抗体，因此本病也有可能通过胎盘传染给胎儿。

临床症状　本病潜伏期为 18~96 小时。病犊牛精神沉郁，吃乳减少，体温正常或略偏高。腹泻，粪便呈黄白色或灰白色，有的呈黄褐色，粪较黏稠或呈水样（图 2-55），有时附有肠黏膜及含有未消化凝乳块，排粪次数不一。一般情况死亡率不超过 10%，但若有继发感染，特别是在恶劣的天气，若病犊牛感染肺炎，则死亡率将会大大提高。

图 2-55　病牛排出大量黄白色或灰白色水样稀便

病理变化　各种动物的病变基本相同，主要侵害小肠，特别是空肠和回肠部，呈现肠壁变薄、内容物液状、小肠绒毛萎缩。

病名	与牛轮状病毒感染的相似点	与牛轮状病毒感染的不同点
牛病毒性腹泻－黏膜病	二者均表现精神沉郁，食欲减退，腹泻	牛病毒性腹泻－黏膜病的病原为牛病毒性腹泻－黏膜病病毒；病牛多数有体温反应，有明显呼吸道症状；口腔黏膜充血、糜烂，除小肠有急性卡他性炎症外，大肠也有卡他性、出血性、溃疡性乃至不同程度坏死性炎症
牛大肠杆菌病	二者均表现精神沉郁，食欲减退，腹泻	牛大肠杆菌病的病原为牛大肠杆菌；主要危害7~10日龄的犊牛，潜伏期短，只有几个小时，常突然发病，病犊牛发热，出现突然腹泻后很快死亡，病死率很高，主要死于败血症或肠毒血症
牛弯曲杆菌性腹泻	二者均表现精神沉郁，食欲减退，腹泻	牛弯曲杆菌性腹泻的病原为牛弯曲杆菌；可引起各种年龄的牛发病，在牛群中传播很快，是一种急性腹泻病，多发生在冬季，排水样的全血便，全身症状轻微，病死率很低；剖检可见肠管呈不同程度出血性及坏死性肠炎病变

防治
措施

　　本病尚无特异的治疗办法。补液、应用肠道收敛剂等对症治疗，有一定的作用。抗生素可预防继发感染。

　　已试制的牛轮状病毒弱毒疫苗，用于免疫母牛，通过初乳抗体保护犊牛，有一定效果。

　　对犊牛腹泻还可以口服轮状病毒活毒疫苗，可减少自然发病率。

十四、牛传染性角膜结膜炎

　　牛传染性角膜结膜炎是多病原引起的一种急性、地方性流行传染病。本病病原较为复杂。其中，牛嗜血杆菌（或称牛摩拉氏杆菌）已被公认为本病重要的病原菌，但病毒、立克次氏体、衣原体、支原体等已被怀疑可引起本病。其主要临床特征为病牛眼角膜、结膜发生炎症变化，大量流泪，其后角膜发生混浊或呈乳白色。

流行
特点

　　本病主要感染牛（奶牛、黄牛、水牛等）。2岁内的青年牛发病率最高，病情也严重，成年牛次之，犊牛、公牛最低。另外，绵羊、山羊、骆驼等也可发生。但病原体有专一宿主，不同种类的宿主之间进行人工感染不能成功。比如病羊与牛同栏饲养和放牧，牛不会感染；反过来，病牛与健康羊同栏饲养，羊也不会感染。

本病主要通过直接接触带菌的眼渗出物和分泌物发生传播。强烈的阳光，阴暗、潮湿的牛舍，拥挤的牛群，刮风，带菌（毒）的飞沫尘土等因素均能作为本病广泛传播的诱因。据报道，认为牛嗜血杆菌必须在强烈的紫外光照射下才产生典型症状，用上述单一因素都不能引起发病，或仅产生轻微症状。

本病多发生于炎热、高温的夏季。一旦发生，迅速传播，常呈地方性流行。之后，随气温的下降和光照时间的减少，发病率明显降低。有时也流行于冬季，主要是由于牛舍过于拥挤，密切接触所引起，但流行程度较轻。

临床症状

本病潜伏期为 3~7 天。临床上分为急性型、慢性型 2 种。

（1）**急性型**　病初，患眼畏光、流泪，眼睑肿胀、疼痛，眼不能张开。结膜潮红，血管怒张，流出黏性脓性分泌物（图 2-56、图 2-57）；眼角膜、结膜出血（图 2-58）。病轻时，仅是结膜炎或轻微角膜炎，并在短期内恢复。严重时，在 2~4 天内，角膜的中央稍混浊，其后扩散，伴有角膜增厚。部分病例，角膜中央有一黄白区，外有一白色硬组织带环绕，血管从边缘分布，致使不透明的角膜外围呈红色，上面覆盖着黄色沉着物。随着病程延长，眼内压增高，使角膜向外凸出，呈尖圆形的丘疹状隆起，造成失明，有的破裂形成溃疡（图 2-59）。溃疡如累及上皮和波曼氏膜（角膜前弹力层），则 1~2 周内可以康复，如累及固有膜，尤其是脓性细胞的继发感染，则转入慢性型。

（2）**慢性型**　由于溃疡的扩散和角膜厚度增加，尤其是固有膜的间质组织增加，角膜色灰暗，溃疡面上可清楚见到黄色脓性纤维素性沉着物。边缘血管移动至角膜，台斯梅氏膜（角膜后弹力层）和角膜内皮常通过固有膜（角膜基质层）脱出，致使眼前房感染，造成眼前房积脓，严重时角膜破裂，虹膜粘连，晶状体可能脱落。一般排

图 2-56　病牛眼睑肿胀

图 2-57　病牛眼部有脓性分泌物

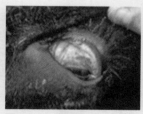
图 2-58　病牛眼角膜、结膜出血

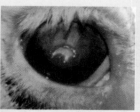
图 2-59　病牛角膜溃疡、破裂

脓后，往往出现斑痕等后遗症。多数病例先为单眼患病，后为双眼患病。一般无全身症状，很少有发热现象。但当眼球化脓时，常伴发全身症状，如体温升高、食欲减退、精神沉郁、泌乳量明显减少等。

病程一般为 20~30 天。大多数病牛能自然痊愈。但有的可导致角膜云翳、角膜白斑的形成，严重时可引起失明。康复后的病牛在一定时期内可能继续保菌，成为传染源。

病理变化

结膜浮肿及高度充血，结膜组织学变化表现为含有大量淋巴细胞及浆细胞，上皮性细胞之间有中性细胞。角膜变化多种多样，可呈现凹陷、白斑、白色混浊、隆起、凸出等，角膜组织学变化视不同类型而异，如白斑类型，固有层局限性胶原纤维增生和纤维化；白色混浊类型，可见上皮增生，固有层弥漫性玻璃样变性。

类症鉴别

病名	与牛传染性角膜结膜炎的相似点	与牛传染性角膜结膜炎的不同点
牛传染性鼻气管炎	二者均表现精神不振，眼结膜角膜炎	牛传染性鼻气管炎的病原为牛传染性鼻气管炎病毒，病牛主要表现呼吸道症状，呼吸道黏膜炎症、水肿、出血、坏死和溃疡烂斑等，有些病例危及眼部，主要发生结膜角膜炎；而牛传染性角膜结膜炎主要侵害眼部，很少有全身症状
牛恶性卡他热	二者均表现精神不振，眼结膜角膜炎	牛恶性卡他热的病原为牛恶性卡他热病毒，病牛全身症状严重，高热、精神高度沉郁，除眼部病变外，口腔、鼻黏膜有纤维素性坏死性炎症；而牛传染性角膜结膜炎，一般无全身症状，只有在眼球化脓时，可伴发全身症状。从疾病预后来看，牛恶性卡他热有很高的病死率，而牛传染性角膜结膜炎一般预后良好
牛角膜炎	二者均表现角膜周围血管充血，角膜混浊，流泪	牛角膜炎病例角膜不出现白色或灰白色小点，一般结膜、瞬膜不同时发炎或炎症较轻，无传染性
牛结膜炎	二者均表现眼结膜潮红、充血，畏光，流泪	牛结膜炎病例一般角膜、瞬膜不同时发炎，无传染性
牛外伤性眼病	二者均表现精神不振，眼结膜角膜炎	牛外伤性眼病通常发生于一侧，并局限于个别牛，不具有传染性，有外伤史

防治措施

发现病牛必须立即隔离、及时治疗。

1）用 2%~5% 硼酸等冲洗患眼，拭干后用 3%~5% 弱蛋白银溶液滴入眼结膜囊内，每天 2~3 次。

2）青霉素 8000 国际单位/毫升，对病眼喷雾注射，每天 2 次，连用 15 天。

3）卡那霉素 100 万国际单位/次，对病眼侧太阳穴注射，每天 1 次，连用 3 天。

4）三砂粉（硼砂、硇砂、朱砂各等份，研为细末）适量，用竹管吹入眼内。

5）甘汞粉适量，用竹管吹入眼内，主要用于治疗角膜混浊或穿孔。

除药物治疗以外，要避免阳光直射，并注意驱除蚊蝇及加强营养。

十五、牛海绵状脑病

牛海绵状脑病俗称疯牛病，是牛的一种慢性致死性传染病。其临床特征为潜伏期很长；病牛行为反常，运动失调，感觉过敏；脑灰质神经组织空泡化。

流行特点 本病多发生于 3~11 岁的牛，尤以 3~5 岁的牛发病最多。不同品种和性别的牛均可感染。与饲养管理因素无关。主要通过被污染的蛋白质饲料经口传染，多有添加牛源蛋白质饲料的生活史。也存在垂直传播的可能性。一般为散发，也可呈地方性流行。

症状与病变 本病潜伏期为 4~6 年，病程一般为 6 个月左右。症状各异，主要为神经症状，而且逐渐加重。有的行为失常，表现烦躁不安（图 2-60），瘙痒。有的姿势和运动失调，表现四肢过度伸展，后肢不稳，震颤，易跌倒，乃至麻痹。有的感觉反常，对声音和触摸过敏，甚至强力反抗。有的上述表现兼而有之。在出现神经症状的同时，病牛泌乳减少，体重减轻或体质下降。最终可因衰竭死亡，但常被淘汰。主要病变为脑干灰质区域内的神经细胞空泡化（图 2-61），在显微镜下呈海绵样结构。

图 2-60 病牛表现烦躁不安

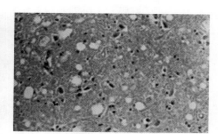

图 2-61 病牛神经纤维网与神经元中有许多大小不等的空泡

病名	与牛海绵状脑病的相似点	与牛海绵状脑病的不同点
牛伪狂犬病	二者均表现不安，狂躁，瘙痒	牛伪狂犬病的病原为牛伪狂犬病病毒；病牛目光呆滞，体躯奇痒，啃咬，肢抓擦痒，鼻流泡沫液，时有发出怪叫声；用脑组织制成悬液接种于家兔皮下，20~36小时后注射部位出现剧痒
牛破伤风	二者均表现不安，狂躁	牛破伤风的病原为牛破伤风杆菌；病牛多呈强直性痉挛，四肢如木马状，有外伤感染
牛脑膜炎	二者均表现兴奋不安，狂躁，触碰敏感	牛脑膜炎病例无传染性，体温升高，神经症状主要表现转圈、抽搐、有时盲目奔跑，不避障碍物，有时呕吐
牛有机磷中毒	二者均表现共济失调，惊厥	有机磷农药中毒病例有与有机磷农药接触史，急性群发或突然发生，呕吐，腹痛，腹泻，胃肠内容物有大蒜味

防控措施

　　无治疗方法。预防本病的重点措施是加强口岸检疫，杜绝引入传染源或传播媒介。为此，禁止从流行本病的国家和地区进口活牛及其精液和胚胎，禁止进口牛肉及其肉粉、骨粉。发现病牛，一律扑杀烧毁，严禁食用，对不能焚烧的污染物用次氯酸钠或氢氧化钠彻底消毒，其他牛禁止使用反刍动物蛋白饲料。处理病牛时，要切实做好个人防护。

第三章

牛细菌性传染病的鉴别诊断与防治

03

一、牛炭疽

炭疽是由炭疽杆菌所引起的人兽共患的一种急性、热性、败血性传染病，以急性脾脏肿大，皮下及浆膜下组织呈出血性胶冻样浸润为特征。

 流行特点　本病多发生于夏季放牧时期，病畜是主要的传染源。病畜及其尸体的各器官、组织及血液，特别是天然孔流出的血液含有大量的炭疽杆菌。由于炭疽杆菌芽孢在土壤中能长期生存，并在一定条件下发育繁殖，因此，当对病畜处理不当或对病畜排泄物、分泌物未经彻底消毒而污染了土壤、水源、牧地等，则可造成持久性的疫源地。

所以在洪水泛滥时、河流附近、低湿地区易暴发炭疽病。

人虽然可感染炭疽，但其易感性较低，主要发生于与动物及畜产品接触机会多的人。

临床症状　根据症状和病程，可分为3种类型。

（1）**最急性型**　症状不明显，牛在使役、休息时或在牛栏里、放牧场上突然倒下，出现昏迷、呼吸极度困难，可视黏膜呈蓝紫色，全身战栗，心悸亢进。濒死期，天然孔出血，在数分钟至数小时内死亡。

（2）**急性型** 最为常见。潜伏期为1~5天，一般症状轻微，病牛体温高达41~42℃，肌肉颤抖，兴奋不安（图3-1），磨牙，食欲减退，最后废绝，反刍、泌乳停止，呼吸困难（图3-2），可视黏膜发绀，初便秘，后腹泻，妊娠牛常发生流产，病程为1~2天。

（3）**亚急性型** 常在颈、胸、腰、外阴部及直肠内发生炭疽痈，舌肿大呈暗红色，有的发生咽喉炎，呼吸困难，肌肉颤抖。由于肠道发生炭疽痈，病牛下痢且带血，肛门周围浮肿，排粪有疼痛感，病程为2~5天。

图3-1 病牛兴奋不安　　　　图3-2 病牛呼吸困难

病理变化 最急性病例除脾脏、淋巴结有轻度肿胀外，无其他肉眼可见病变。急性病例呈败血症病变，特别是脾脏显著肿胀，脾髓呈黑红色（图3-3），软化如泥状或糊状；淋巴结肿大；胃肠道呈出血性坏死性炎症；死于败血症的牛，尸僵不全，尸体极易腐败，瘤胃臌气，天然孔有出血，

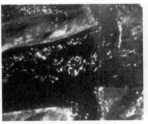 

图3-3 病牛脾髓呈黑红色　　图3-4 病牛小肠淋巴结出血、肿胀

血液凝固不良，多种器官出现炭疽痈，在咽部、肠系膜淋巴结可见出血、肿胀、坏死（图3-4）。

类症鉴别

病名	与牛炭疽的相似点	与牛炭疽的不同点
牛巴氏杆菌病	二者均表现精神不振，食欲不振、废绝，反刍停止，腹泻	牛巴氏杆菌病的病原为巴氏杆菌，病牛表现为胸膜肺炎；剖检可见胸腔积液，肺切面呈大理石样病变，胸部淋巴结肿大，切面有出血点，但见不到炭疽那样临死前天然孔出血、血液凝固不良、死后尸僵不全及脾脏急性肿大；实验室检查发现巴氏杆菌，即革兰阴性、两端浓染的细小球杆菌

病名	与牛炭疽的相似点	与牛炭疽的不同点
牛恶性水肿	二者均表现精神不振，发热，可视黏膜充血，腹泻	牛恶性水肿的病原为腐败梭菌；病牛多发生于外伤、分娩和去势之后，特征是伤口周围呈气性、炎性肿胀；实验室检查，可取肝脏做触片染色镜检，牛恶性水肿可见革兰阳性的大杆菌（腐败梭菌）
牛传染性胸膜肺炎	二者均表现体温升高（40~42 ℃），呼吸困难，初便秘	牛传染性胸膜肺炎的病原为丝状支原体；病牛频繁干咳，胸部叩诊痛感，听诊有摩擦音，鼻流浆性、脓性鼻液

防控措施

（1）**做好一般性防疫** 春、秋两季各进行 1 次炭疽预防注射。无毒炭疽芽孢苗，1 岁以上的牛可皮下注射 1 毫升，1 岁以内的牛 0.5 毫升；炭疽 2 号芽孢苗，可皮下注射 1 毫升，注射后 14 天产生免疫力，免疫期为 1 年。

（2）**查明疫情，采取应急措施** 发生炭疽病后，应立即查明疫情，报告上级，规定疫区，进行封锁并检疫，隔离治疗，并采取预防接种、消毒等紧急防治措施。

二、牛气肿疽

牛气肿疽俗称"黑腿病"，是由气肿疽梭菌所引起的一种急性、败血性传染病，临床特征为病牛高热，肌肉丰厚部位（尤其是股部）发生气性肿胀、发黑，压之有捻发音。

流行特点

家畜中以黄牛对气肿疽的易感性最大，特别是 3 个月至 4 岁的青年牛最易感染发病，其次是绵羊，水牛和猪较少发生。

本病为地方性传染病，在山区、平原或低湿草地均可发生。虽可发生于任何时期，但以夏季放牧牛发病最多，舍饲牛发病较少。病牛或死后尸体是主要的传染源，病原体形成芽孢后，污染土壤、饲料和饮水，经消化道感染，也可通过皮肤创伤和蜱、蝇等叮咬传播。

临床症状

牛突然发病，体温升高（40~41℃），食欲、反刍停止，放牧牛常呈跛行，不久，肿胀发生于身体肌肉丰满部位，如腿上部、臀、腰、肩、胸、颈等处（图 3-5）。肿胀区初热而痛，后变冷，中央无感觉，该部皮肤干而色黑，甚至坏死。压之肿胀部有捻发音。初期若切开肿胀部，有黑红色液体流出，内含气泡，有特殊臭味。肿胀部附近淋巴结肿大，病牛呼吸逐渐困难，无力，卧地（图3-6），脉搏快而细（90~100次/分钟），病程约为1周。

　　肿胀常发生于一处，也可数处同时发生，然后连成一大块。如细菌浸入口腔或喉部则发生急性咽喉炎，舌肿大，伸出口外，舌尖有捻发音。老年牛症状较轻，常可耐过。

病理变化

　　尸体迅速腐败，瘤胃臌胀，天然孔（鼻孔、肛门或口腔）常有血样液体流出；病部肌肉肿胀，有捻发音，切面呈黑棕或黑红色，部分湿润，压之流出黑色渗出液，内含气泡；其他部分的肌肉干燥，如海绵状，有很多气泡，并有一种特殊的酸臭味（图3-7）；病部皮下组织呈黄色、胶冻样和血染，含有气泡，类似的变化也见于心脏，少数病例见于舌部；局部淋巴结肿胀、充血、出血；心包、胸腔和腹腔有时有积液。

图3-5　病牛腿部肿胀，跛行　　　图3-6　病牛呼吸困难，卧地　　　图3-7　病牛肌肉色暗，多孔，呈海绵状

类症鉴别

病名	与牛气肿疽的相似点	与牛气肿疽的不同点
牛炭疽	二者均在洪水泛滥地区易发生，多发于低洼地区，并均有体表肿胀，步态不稳	牛炭疽的病原为炭疽杆菌（竹节状）；病牛全身痉挛，天然孔流血，死后尸体臌胀，尸僵不全，炭疽沉淀反应呈阳性
牛恶性水肿	二者均表现精神不振，发热，体表肿胀、淋巴结肿大	牛恶性水肿的病原为腐败梭菌；病牛多发生于外伤、分娩和去势之后，特征是伤口周围呈气性、炎性肿胀
牛巴氏杆菌病（浮肿型）	二者均表现体温升高（41~42℃），肿胀初热痛，后变冷痛且疼痛减轻，病程短	牛巴氏杆菌病的病原为巴氏杆菌；病牛肿胀多在颈部咽喉及胸前，按压无捻发音，呼吸高度困难，不出现跛行；血检可见两极浓染的小杆菌
牛蜂巢炎	二者均表现体温升高（39~40℃），发生大面积肿胀，热痛，跛行	牛蜂巢炎病例无传染性，体温较低，肿胀扩大迅速，无捻发音，叩之无鼓音，一般无跛行，肿胀初按压呈捏粉样，后变硬，病程较长

预防措施

1）凡曾有本病发生的地区，一定要坚持预防注射。在每年春、秋季，无论大、小牛一律皮下注射气肿疽菌苗 5 毫升 / 头，免疫期可达 6 个月。

2）对已确诊的病牛，必须隔离治疗。牛舍、用具、饲槽等用 5%~10% 氢氧化钠溶液或含有效氯 5% 漂白粉溶液严格消毒。尸体严禁剥皮，连同被污染的饲料及粪尿等一起烧毁或深埋。可疑被污染的饮水或饲料应停止使用。对可疑感染的病牛，先用抗生素或抗气肿疽血清治疗，半月后再注射气肿疽菌苗。

治疗方法

1）早期应用大剂量的抗生素（青霉素、四环素）或磺胺类药治疗有效。青霉素每天肌内注射 3~4 次，每次 100 万 ~200 万国际单位，直至痊愈。如结合使用抗气肿疽血清，效果更好。同时还需给予强心、补液及其他对症疗法。

2）局部的气性肿胀不宜切开，以防病原菌扩散。早期病例也可用 1%~2% 高锰酸钾溶液或 3% 过氧化氢或 3% 苯酚溶液在肿胀部周围分点行皮下或肌内注射，或用 0.25%~0.5% 普鲁卡因溶液 10~20 毫升溶解青霉素 80 万 ~120 万国际单位，于肿胀部周围分点注射可收到较好效果。

三、牛恶性水肿

牛恶性水肿是由梭菌属病菌（腐败梭菌、水肿梭菌、魏氏梭菌、溶组织梭菌等）引起的一种急性创伤性传染病，以局部气性水肿和全身性毒血症为特征。

流行特点

病原菌经常存在于土壤的表层，尤其是被动物粪便污染的土壤内。本病一般较少见，通常为零星散发。因病原菌需特殊条件（缺氧下污染的创伤）才能构成传染。牛主要因外伤（如分娩、去势、刺伤、咬伤、骨折、不洁针头的注射等）而发生感染。

临床症状

恶性水肿发生于创伤之后，潜伏期为 2~5 天，局部发生水肿，先硬痛，后变软而无痛觉，压之有捻发音，割开有红棕色液体流出，混有气泡，有腐臭味（图 3-8~图 3-11）。严重者全身发热，呼吸困难，脉搏细而快，可视黏膜充血发绀，有时腹泻。由分娩外伤感染者，阴门水肿，阴道充血，流出有臭味的褐色液体。性器官邻近的部分也发生捻发性肿胀，可向会阴、股部及乳房扩散。病牛起立困难，垂头拱背，极力呻吟。

图3-8 病牛乳房水肿

图3-9 病牛颜面部肿胀

图3-10 病牛颜面部肿胀，
鼻孔流出血样鼻汁

图3-11 病牛肿胀部位流出
血样渗出液

病理
变化

　　患部弥漫性水肿，皮下有污黄色液体浸润，含有腐败气味的气泡；皮下与肌间结缔组织明显出血、水肿（图3-12），肌肉呈灰白色或暗褐色，水肿、柔软，肌束间距离增宽（图3-13）；淋巴结肿大，偶有气泡；肝、肾细胞混浊、肿胀，有灰黄色病灶。

图3-12 病牛皮下与肌间结缔组织明显
出血、水肿

图3-13 病牛肌肉呈暗褐色，
水肿、柔软，肌束间距离增宽

病名	与牛恶性水肿的相似点	与牛恶性水肿的不同点
牛炭疽	二者均表现精神不振，发热，可视黏膜充血，腹泻	牛炭疽的病原为炭疽杆菌（竹节状）；病牛全身痉挛，天然孔流血，死后尸体膨胀，尸僵不全，炭疽沉淀反应呈阳性
牛气肿疽	二者均表现精神不振，发热，体表肿胀、淋巴结肿大	牛气肿疽的病原为气肿疽梭菌；病牛肿胀发生于身体肌肉丰满部位，如腿上部、臀、腰、肩、胸、颈等处，压之肿胀部有捻发音，若切开肿胀部，有黑红色液体流出，内含气泡，有特殊臭味；剖检可见病部皮下组织呈黄色、胶冻样和血染，含有气泡，类似的变化也见于心脏，少数病例见于舌部，心包、胸腔和腹腔有时有积液
牛巴氏杆菌病（浮肿型）	二者均表现体温升高（41~42℃），肿胀初热痛，后变冷痛且疼痛减轻，呼吸困难	牛巴氏杆菌病的病原为巴氏杆菌；病牛肿胀部无捻发音，肿胀多在咽喉、胸前；血检可见两极浓染的小杆菌

类症
鉴别

平时注意外伤的处理，在助产、去势、注射和其他外科手术时，要注意伤口的消毒，手和用具也要彻底消毒。发生本病时，隔离病牛，污染的牛舍和场地用 10% 漂白粉溶液或 3% 氢氧化钠溶液消毒，烧毁粪便和垫草。

治疗方法

早期对患部进行冷敷，后期可切开患部除去腐败组织和渗出液，用高锰酸钾或过氧化氢溶液充分冲洗，并撒布磺胺粉，同时用浸以过氧化氢溶液的纱布填塞切口，也可将过氧化氢溶液注入肿胀部与健康部交界处的皮下，同时肌内注射青霉素、四环素等抗生素。

四、牛巴氏杆菌病

牛巴氏杆菌病也称牛出血性败血症，是由多杀性巴氏杆菌引起的一种急性、热性传染病，其临床特征为病牛发热、肺炎、急性胃肠炎及内脏器官广泛出血。

流行特点

本病的传染源是病牛和带菌动物。病原体通过病牛分泌物、排泄物排出，污染外界环境，在自然条件下主要通过污染的饲料和饮水经消化道传染，其次为呼吸道传染，偶尔可经皮肤黏膜的损伤或吸血昆虫的叮咬而传播。各种年龄的牛均可感染发病，但水牛易感性更高。巴氏杆菌常存在于健康牛的上部呼吸道，当饲养管理不当、营养不良、拥挤、长途运输、过度疲劳、潮湿、寒冷、闷热等均可诱发本病。

本病多发于春、秋两季，一般为散发，也可呈地方性流行。

临床症状

本病潜伏期为 1~7 天，多数为 2~5 天。临床上一般可分为 3 种类型。

（1）败血型 病牛体温升高到 41~42℃，精神委顿，被毛粗乱，结膜潮红、出血，鼻镜干燥，食欲废绝，泌乳及反刍停止，继而腹痛下痢，粪便恶臭并混有黏膜碎片和血液，有时鼻孔、肛门、阴门和尿中有血，常在 1 天以内死亡（图 3-14~ 图 3-17）。

图 3-14　病牛腹泻，粪中混有黏液

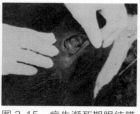

图 3-15　病牛濒死期眼结膜出血

图 3-16　病牛濒死期鼻孔出血

图 3-17　病牛濒死期肛门和阴门出血

（2）**浮肿型**　病牛除体温升高、精神委顿等全身性症状外，在头、颈、胸前出现皮下水肿（图3-18），手指按压初有热、硬、痛感觉，后逐渐变凉，疼痛也减轻。舌、咽喉部及其周围组织高度肿胀，舌伸出口外，眼红肿、流泪、流涎，呼吸高度困难（图3-19），黏膜发绀。也可出现腹泻，往往因窒息而死，病程多为12~36小时。

（3）**肺炎型**　表现为纤维素性胸膜肺炎，病牛除全身症状外，伴有咳嗽和张口呼吸，排出浆液性以至脓性鼻液。听诊有支气管呼吸音，有时有胸膜摩擦音，2岁以内牛，多伴有带血的严重下痢，病程较慢，为3天以上，常因极度衰竭而死亡。

病理变化

（1）**败血型**　死亡病牛呈现败血症变化，病死犊牛可见有脐带炎（图3-20），全身组织器官黏膜点状出血；胆囊肿大（图3-21）；心内膜出血（图3-22）；脾脏肿大、有小出血点（图3-23）；肾脏、膀胱黏膜点状出血（图3-24、图3-25）；淋巴结肿胀多汁，有弥漫性出血；肠道内容物常混有血液，胃肠黏膜发生急性卡他性炎症，有时为出血性炎症。

（2）**浮肿型**　病死牛主要可见头、颈、咽喉部水肿，水肿有时波及胸前（图3-26）；肿胀部位皮下及肌肉组织呈现黄色和黄红色胶冻样浸润；舌肿大呈暗红色；淋巴结、肝脏、肾脏和心脏等实质器官发生变性。

图3-18　病牛下颌水肿

图3-19　病牛呼吸困难，流涎

图3-20　病死犊牛脐带炎

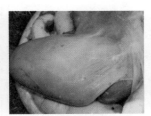

图3-21　病牛胆囊肿大

图3-22　病死犊牛心内膜出血

图3-23　病死犊牛脾脏肿大、出血

图3-24　病死犊牛肾脏点状出血

图3-25　病死犊牛膀胱黏膜点状出血

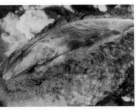

图3-26　病牛下颌胶冻样水肿

（3）**肺炎型**　病变主要为纤维素性胸膜肺炎。肺水肿，表面有灰白色病灶；胸腔内积有浆液性纤维素性渗出物，肺与胸膜粘连；肺切面呈大理石样病变（图3-27~图3-30）；心包呈纤维素性心包炎，心包与胸膜粘连；胸部淋巴结肿大，切面呈暗红色，散布有出血点。

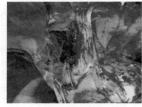 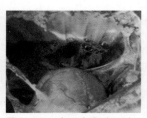  

图3-27　病死牛肺与胸膜粘连　　图3-28　病死牛胸腔积液，肺与胸膜粘连　　图3-29　病死牛大叶性肺炎　　图3-30　病死牛肺水肿、间质增宽

类症鉴别

病名	与牛巴氏杆菌病的相似点	与牛巴氏杆菌病的不同点
牛炭疽	二者均表现精神不振，食欲不振、废绝，反刍停止，腹泻	牛炭疽的病原为炭疽杆菌（竹节状）；病牛临死前常有天然孔出血，血液呈暗紫色，凝固不良，呈煤焦油样，死后尸僵不全，尸体迅速腐败，脾脏可比正常肿大2~3倍
牛恶性水肿	二者均表现精神不振，发热，体表肿胀、淋巴结肿大	牛恶性水肿的病原为腐败梭菌、水肿梭菌等；病牛多发生于外伤、分娩和去势之后，伤口周围呈气性、炎性肿胀，病部切面苍白，肌肉呈暗红色，肿胀部触诊有轻度捻发音
牛气肿疽	二者均表现精神不振，发热，体表肿胀、淋巴结肿大	牛气肿疽的病原为气肿疽梭菌；多发生于4岁以下的牛，肿胀主要出现在肌肉丰满的部位，呈炎性、气性肿胀，手压柔软，有明显的捻发音；切开肿胀部位，切面呈黑色，从切口流出黑红色带泡沫的酸臭液体，肿胀部的肌肉内有暗红色的坏死病灶；由于气体的形成，肌纤维的肌膜之间形成裂隙，横切面呈海绵状
牛传染性胸膜肺炎	二者均表现体温升高（40~42℃），呼吸快、困难，胸部叩诊有浊音区和疼痛	牛传染性胸膜肺炎的病原为丝状支原体；病牛鼻液先稀后脓性，不流泡沫样鼻液，肺部听诊有摩擦音，垂皮、胸前有浮肿；病料涂片镜检可见极为细小的多形性丝状支原体
牛喉炎	二者均表现喉部肿胀，有热痛，咳嗽，呼吸困难	牛喉炎病例无传染性，不发生高温，皮肤、舌不发绀

预防
措施

1）本病发生与各种应激因素有关，因此平时要加强饲养管理，增强机体抵抗力。在发病区域，应重视对病牛的隔离，并进行环境消毒。

2）经常发生本病的地区，定期注射牛出血性败血症氢氧化铝菌苗；疫区内牛的屠宰必须定点，有本病的牛肉及内脏必须就地焚烧或深埋。牛皮经 1% 盐酸或 25% 食盐溶液浸泡 48 小时后方可加工利用。

3）对病牛或疑似病牛应立即隔离治疗，牛舍用 5% 漂白粉或 10% 石灰乳消毒，对粪便进行发酵处理。

治疗
方法

病初应用抗牛巴氏杆菌病血清、磺胺类药物及抗生素治疗，效果良好。同时对症治疗。

1）抗牛巴氏杆菌病血清，每头牛皮下注射 100~200 毫升，每天 1 次，连用 2~3 天。

2）抗生素，如青霉素、链霉素均有效，青霉素 400 万国际单位、链霉素 300 万国际单位，联合应用，每天 2 次，连用 3~5 天。若再配合磺胺类药物，如用磺胺二甲嘧啶，按每千克体重 40~60 毫升剂量静脉注射，则疗效更佳，并可缩短疗程。

3）对急性病例，也可用抗生素（如四环素）加入葡萄糖盐水内静脉注射。为提高治疗效果，尚应配合对症治疗，如给予祛痰剂、抗组胺药等。

五、牛布鲁氏菌病

布鲁氏菌病，又称传染性流产，是由布鲁氏菌引起的一种人兽共患的接触性传染病，其临床特征是引起动物流产和不孕。

流行
特点

病牛为本病的主要传染源。病菌存在于流产胎儿、胎衣、羊水、流产母牛阴道分泌物及公牛的精液内。传染途径主要是直接接触性传染，如通过交配、皮肤或黏膜的直接接触而传染；也可通过消化道传染，主要是由于食入了被细菌污染的饲草、饲料及饮水。

本病常呈地方性流行。新疫区往往可使大批妊娠母牛流产，老疫区则妊娠母牛流产逐渐减少，但关节炎、子宫内膜炎、胎衣不下、屡配不孕、睾丸炎等增多。犊牛有抵抗力，初产牛则易感，母牛的感染率高于公牛。

母牛除流产外，其他症状常不明显。流产多发生在妊娠后第5~8个月，产出死胎或弱胎（图3-31）。流产后可能出现胎衣不下。流产后阴道内继续排出褐色恶臭液体，母牛流产后很少发生再次流产。公牛常发生睾丸炎或附睾炎。病牛发生关节炎时，多发生在膝关节及腕关节，滑液囊炎也较常见。

除流产外，可见绒毛叶上有多数出血点和浅灰色不洁渗出物，并覆有坏死组织；胎膜粗糙、水肿、严重充血或有出血点，并覆盖一层脓性纤维蛋白物质；胎盘有些地方呈现浅黄色或覆盖有灰色脓性物；子宫内膜呈卡他性炎或化脓性内膜炎；流产胎儿的肝脏、脾脏和淋巴结呈现程度不同的肿胀，甚至有时可见散布着炎性坏死小病灶（图3-32~图3-34）；病母牛常有输卵管炎、卵巢炎或乳腺炎；公牛精囊常有出血和坏死病灶，睾丸和附睾坏死，呈灰黄色。

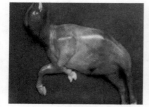

图3-31　病牛流产的死胎

图3-32　病牛流产胎儿全身水肿

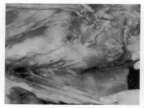

图3-33　病牛流产胎儿皮下水肿

图3-34　病牛流产胎儿胸腹腔积液

病名	与牛布鲁氏菌病的相似点	与牛布鲁氏菌病的不同点
牛衣原体性流产	二者均表现流产，产死胎	牛衣原体性流产的病原为鹦鹉衣原体；病牛预产期前2~3周流产，流产过的母牛不再流产，流产后一段时间阴门才流红色黏液，胎盘子叶呈黑红色或粉红、暗土色；胎盘或子宫排出物涂片染色、镜检可见浅红色原生小体和浅蓝色的初级小体
牛钩端螺旋体病	二者均表现体温升高，流产	牛钩端螺旋体病的病原为钩端螺旋体；病牛黏膜发黄，尿色发暗（血红蛋白尿、胆色素），皮肤常见干裂、坏死、溃疡
牛弓形虫病	二者均表现妊娠牛中后期流产，产死胎，胎儿浆膜腔有红色液体	牛弓形虫病的病原为弓形虫；病牛有转圈等神经症状，肌肉僵硬，行走困难，呼吸急促，卧地不动，最后昏迷；死胎皮下血样水肿，胎盘子叶肿胀，绒毛叶呈暗红色，其中有白斑或坏死灶；将胎盘或胎儿组织接种于小白鼠或培养，可见弓形虫

病名	与牛布鲁氏菌病的相似点	与牛布鲁氏菌病的不同点
牛沙门菌性流产	二者均表现妊娠后期流产，流产前阴门肿胀、流黏液，有死胎、弱胎，胎儿浆膜腔有液体	牛沙门菌性流产的病原为沙门菌；病牛体温升高（40~41℃），胎盘水肿、出血，胎儿肝脏肿胀、有灰色病灶
牛毛滴虫病	二者均表现阴道黏膜发炎、有结节、流灰白色分泌物，流产，公牛阴茎发炎	牛毛滴虫病的病原为毛滴虫；病牛阴道黏膜有密集的毛滴虫结节，触摸如砂纸，妊娠后不久即流产；公牛阴茎黏膜有红色小结节，睾丸不显肿胀
牛阴道炎	二者均表现阴道黏膜发炎、肿胀，流分泌物	牛阴道炎病例阴道黏膜不出现结节，不流产

防治措施

1）为了摸清养牛场是否有布鲁氏菌病存在，每年可定期做血清凝集试验及补体结合试验，及时检出病牛，以便净化牛群，防止疫情扩大。检出的病牛以淘汰为好。

2）对流产后继发子宫内膜炎的病牛或胎衣不下经剥离的病牛，可用0.1%高锰酸钾溶液等冲洗子宫和阴道。严重病例可用抗生素及磺胺类药物治疗。

3）定期给牛接种布鲁氏菌病疫苗，可以防止本病的发生。

六、牛破伤风

破伤风又称强直症、锁口风和脐带风，是破伤风梭菌引起的一种人兽共患传染病，其临床特征为病牛肌肉强直性痉挛，对外界刺激的反射兴奋性增强。

流行特点

破伤风梭菌广泛存在于土壤和草食兽的粪便中，当牛发生创口狭小的外伤时，病菌被带入而致病。因此，破伤风呈散发。

临床症状

本病潜伏期为1~2周。病牛发病时，肌肉僵直，张口困难，运动拘谨，严重时关节不能弯曲，体形似木马（图3-35）；瞬膜凸出；反刍、嗳气停止，瘤胃臌胀。意识正常。受到声响、强光等刺激时，症状加剧。病死率较低。

图3-35　病牛肢体强直，头颈僵硬，体形似木马

剖检常无肉眼可见的特殊病理变化。

病名	与牛破伤风的相似点	与牛破伤风的不同点
牛瘤胃膨气	二者均表现呼吸急促，嗳气，反刍次数减少或完全停止	牛瘤胃膨气为普通病，病牛不表现牙关紧闭、四肢运动障碍和肌肉强直等症状
牛急性风湿症	二者均表现部分躯体骨肉硬，如四肢拘僵、头颈伸直	牛急性风湿症为普通病，病牛体温升高1℃以上，病变部位出现结节性肿胀，并伴有痛感，但不会出现瞬膜外露和牙关紧闭等症状
牛骨软症	二者均表现咀嚼缓慢，腰硬，四肢运动强拘	牛骨软症病例耳动灵活，牙关不紧，四肢不强直

最有效的措施是每年给牛接种1次破伤风类毒素，一律皮下注射2毫升/头。断脐、去势或发生外伤时，立即用碘酊严格消毒，有条件者，可同时肌内注射破伤风抗毒素1万~3万国际单位/头。

把病牛放于阴暗处，避免声、光刺激。扩大创口，清除脓汁和坏死组织，用3%过氧化氢、1%~2%高锰酸钾溶液或5%碘酊消毒，肌内注射青霉素200万~400万国际单位/头。同时随补液静脉内注射破伤风抗毒素50万~90万国际单位/头（或肌内注射）、40%乌洛托品50毫升/头。为缓解痉挛，静脉内缓慢注射25%硫酸镁100毫升/头。此外，还要进行对症处置，如输液补糖，解除酸中毒及防治并发症等。

七、牛结核病

结核病是由结核分枝杆菌引起的一种人兽共患的慢性传染病。其临床特征为在病牛体组织中形成结核结节性肉芽肿和干酪样、钙化的坏死病变。

患结核病的牛是本病的传染源，特别是开放性的结核病牛。不同类型的结核分枝杆菌对人及畜禽有交叉感染性。结核分枝杆菌随着鼻汁、唾液、痰液、粪尿、乳汁和生殖器官分泌物排出体外，可污染饲料、饮水、空气和周围环境。通过呼吸道和消化道而感染，犊牛以消化道感染为主。本病的发生和流行与环境及饲养管理条件有很大关系，凡外周及小环境不良，如畜舍阴暗潮湿、光线不足、通风不良、牛群拥挤、病牛与健康牛同栏饲养、饲料配比不当及饲料中缺乏维生素和矿物质等均可促进本病的发生。

临床症状

本病潜伏期长短不一，一般为 10~45 天，长者可达数月。通常呈慢性经过。临床上可分为 4 种类型。

（1）**肺结核** 病初有短促干咳，逐渐变为湿咳，特别是在早晨运动及饮水后更明显。随后咳嗽加重、频繁，呼吸数增加，并有浅黄色黏液或脓性鼻液流出（图 3-36）。肺部听诊有啰音或摩擦音。病牛食欲减退并日渐消瘦，贫血，泌乳量减少，体表淋巴结肿大，体温一般正常或稍升高。

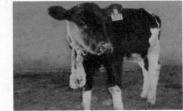

图 3-36 患病犊牛鼻孔有鼻液流出

（2）**淋巴结核** 各型结核病的淋巴结都可发生病变，特别是肩前、股前、腹股沟、颌下、咽及颈部等淋巴结肿大，有时可能破溃形成溃疡。

（3）**乳房结核** 乳房淋巴结肿大，常在后方乳腺区发生结核。乳房表面呈现大小不等、凹凸不平的硬结，乳房硬肿，泌乳量减少，乳汁稀薄，混有脓块，严重者有全身症状。

（4）**肠结核** 多见于犊牛，表现下痢与便秘交替，继而发展为顽固性下痢，迅速消瘦。当波及肝脏、肠系膜淋巴结等腹腔器官时，直肠检查可以辨认。

病理变化

剖检特征是患部形成结核结节，以肺部及其所属淋巴结结核占首位，其次为胸膜、乳房、肝脏和子宫、脾脏、肠结核等。肉眼可见病变为肺和脏器有白色或黄白色结节（图 3-37~ 图 3-41），切面呈干酪样坏死，有的见有钙化；有的坏死组织溶解和软化，排出后形成空洞；胸膜和腹膜可发生密集的结核结节，一般为粟粒大至豌豆大的半透明或不透明灰白色坚硬的结节，形似珠状；胃肠道黏膜可能有大小不等的结核结节或溃疡；肠系膜淋巴结干酪化；乳房结核，在病灶内含干酪样物质。

图 3-37 病牛肺结核结节

图 3-38 病牛肺门淋巴结高度肿大，有结核结节

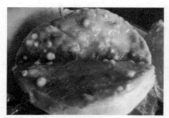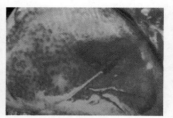

图 3-39　病牛髂淋巴结肿大，有结核结节　　图 3-40　病牛肠系膜淋巴结高度肿大，有结核结节　　图 3-41　病牛肾脏有结核结节

病名	与牛结核病的相似点	与牛结核病的不同点
牛传染性胸膜肺炎	二者均表现短咳、消瘦及泌乳量下降	牛传染性胸膜肺炎的病原为丝状支原体；病死牛剖检其肝脏无结核结节，而呈现大理石样病变；结核菌素试验呈阴性反应
牛白血病	二者均表现体表淋巴结肿大及贫血	牛白血病的病原为白血病病毒，病牛无结核结节而有淋巴细胞增多等变化，结核菌素试验为阴性反应
牛副结核病	二者均表现食欲不振，间歇性或持续性腹泻及顽固性腹泻，消瘦	牛副结核病的病原为副结核分枝杆菌，主要病变是消化道肠系膜淋巴结、回肠黏膜显著肿大，肠系膜淋巴结无干酪样病变；而牛肠结核胃肠道黏膜可能有透明或不透明灰白色坚硬的结节，肠系膜淋巴结干酪化
牛病毒性腹泻－黏膜病	二者均表现食欲不振，间歇性或持续性腹泻，消瘦	牛病毒性腹泻－黏膜病的病原为病毒性腹泻－黏膜病病毒；病牛口腔黏膜上反复发生坏死和溃疡，而牛结核病则无此症状
牛支气管炎	二者均表现咳嗽，吸冷气易咳，呼吸加快	牛支气管炎病例无传染性，体温稍高，体表淋巴结不肿大，不消瘦、贫血

1）查出病牛并将其淘汰。

2）加强牛的营养，饲料中应有充足的蛋白质与维生素，青饲料不可缺少。

3）避免密集饲养，牛舍环境应干爽卫生，牛应有充足的户外活动。

4）本病缺乏良好的疫苗，用卡介苗和鼠型结核菌种来预防牛结核病，虽都能产生一定的免疫力，但不够理想。

八、牛传染性胸膜肺炎

牛传染性胸膜肺炎又称牛肺疫，是由丝状支原体引起的一种接触性传染病，其特征为病牛肺小叶间淋巴管的浆液性肺炎和纤维蛋白性胸膜肺炎。

流行特点
在自然情况下，本病仅见于牛。病原主要由病牛或貌似健康而实际带菌的牛传播，主要是直接接触病牛，经呼吸道而传染。因此，厩舍的卫生条件、饲养方式及牛群密度，对本病传播有重要影响。本病多发生于寒冷季节，水牛因舍饲期短且群体较小，所以发病较少。

临床症状
本病潜伏期一般为2~4周。病牛病初症状不明显，多半以体温升高和稀疏的短咳开始，继而食欲减退，反刍迟缓。随病程发展，症状逐渐明显。按其经过不同，分为急性型和慢性型2种类型。

（1）急性型　多发生于流行初期，体温升高至40~42℃，呼吸加快而困难，呈腹式呼吸，往往每次呼气时发出呻吟声（图3-42）。头颈伸直，前肢开张。按压肋间有痛感，咳嗽增多和痛苦。有时还有浆液性或脓性鼻液流出（图3-43）。胸部叩诊呈浊音或水平浊音。听诊肺泡音消失或减弱，出现啰音和支气管呼吸音，甚至胸膜摩擦音。后期心音衰弱，胸前和颈垂皮下水肿，可视黏膜发绀。病牛全身状况进一步恶化，迅速消瘦，有时腹泻或便秘，最后常死于窒息或心力衰竭。

图3-42　病牛呼吸困难，呈腹式呼吸，每次呼气时发出呻吟声　　图3-43　病牛有浆液性或脓性鼻液流出

（2）慢性型　多为急性病例转变而来，但也有一开始就取慢性经过的。病牛常发生短咳，使役能力降低，营养不良，极度消瘦，常见胸腹下和颈部皮下水肿，但肺部叩诊及听诊变化不明显。

病理变化

主要病变在肺和胸膜。急性型病例发生浆液纤维蛋白性胸膜炎，胸腔积液（图3-44），胸膜脏层有或多或少纤维蛋白附着，切割时可见胸膜下结缔组织浆液浸润。

病程稍长的，其间还有坏死灶和肉芽增生。若为慢性的，则出现胸膜与肺粘连。

肺的病变在病初仅限于小叶范围，呈局灶性充血和炎性水肿。在中期呈典型的浆液纤维蛋白性胸膜肺炎；肺肿大、增重、变硬，切面可见间质变宽，淋巴管高度扩张，实质往往可同时见到不同时期的肝变（红色、紫红色、灰红色、灰白色或灰黄色等），如大理石样，也可见到坏死区（图3-45~图3-47）。在后期肺部病灶坏死，并有不完全包囊形成，有时发生液化崩解，形成脓腔，局部结缔组织增生形成瘢痕。

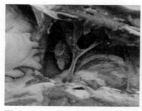

图3-44　病牛胸腔积有大量浅黄色积液

图3-45　病牛肺间质水肿、增宽

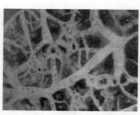

图3-46　病牛肺大理石样变

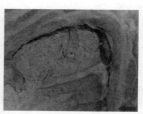

图3-47　病牛肺坏死块

类症鉴别

病名	与牛传染性胸膜肺炎的相似点	与牛传染性胸膜肺炎的不同点
牛结核病	二者均表现短咳、腹泻，消瘦及泌乳量下降	牛结核病的病原为结核分枝杆菌；病牛体表淋巴结均可发生病变，特别肩前、股前、腹股沟、颌下、咽及颈部等淋巴结肿大，有时可能破溃形成溃疡，下痢与便秘交替，继而发展为顽固性下痢；剖检可见胸膜和腹膜发生密集的结核结节，一般为粟粒大至豌豆大的半透明或不透明灰白色坚硬的结节，形似珠状，胃肠道黏膜可能有大小不等的结核结节或溃疡，肠系膜淋巴结干酪化；结核菌素试验呈阳性反应
牛恶性水肿	二者均表现精神不振，发热，局部体表肿胀	牛恶性水肿的病原为腐败梭菌；病牛多发生于外伤、分娩和去势之后，特征是伤口周围呈气性、炎性肿胀，但无呼吸困难、咳嗽、流浆液性或脓性鼻液及肺部病灶坏死
牛巴氏杆菌病（肺炎型）	二者均表现体温升高（40~41℃），呼吸困难，咳嗽，流鼻液，胸部听诊有啰音、摩擦音，叩诊有疼痛、浊音区	牛巴氏杆菌病的病原为巴氏杆菌；叩诊病牛胸部无水平浊音区，垂皮、胸前、腹下无水肿；镜检可见两极浓染的杆菌

（续）

病名	与牛传染性胸膜肺炎的相似点	与牛传染性胸膜肺炎的不同点
牛副流感	二者均表现体温升高（41℃），流脓性鼻液，呼吸加快、困难，咳嗽，有时腹泻	牛副流感的病原为副流感病毒；病牛有脓性结膜炎，大量流泪，消瘦，肌肉衰弱无力；用双份血清做副流感的中和试验，或血凝抑制试验，如抗体滴度增加4倍或以上即为阳性
牛网尾线虫病	二者均表现呼吸困难，咳嗽，流鼻液，听诊有啰音	牛网尾线虫病的病原为网尾线虫；病牛体温不高，听诊无摩擦音，叩诊无疼痛感，无水平浊音；鼻液、粪便可检出幼虫
牛胸膜炎	二者均表现体温升高（39~41℃），流脓性鼻液，咳嗽，胸部叩诊疼痛，有水平浊音，听诊有摩擦音	牛胸膜炎病例无传染性，胸廓下部随体位移动而变化，上部则呈鼓音

防控措施

1）应尽量不从牛传染性胸膜肺炎流行地区买牛，万不得已时则应严格检疫，注射牛传染性胸膜肺炎兔化（或绵羊化）弱毒菌苗3周后运输，运回后再隔离观察一定时间方可混群。

2）如在常发病地区，则应定期注射菌苗，注射后如有反应，应进行治疗。

3）在牛传染性胸膜肺炎暴发地区，除迅速封锁疫区、隔离或扑杀病牛外，其他牛应普遍注射菌苗，用具与牛舍等要彻底消毒，待最后1头病牛处理后3个月内再无病牛出现才可解除封锁。但康复的牛仍可能长期带菌，成为传染源，因此疫区的牛仍不可向非疫区出售。

九、牛大肠杆菌病

牛大肠杆菌病是由致病性大肠杆菌引起的新生犊牛的急性传染病。其临床特征为病牛剧烈下痢及全身败血症，并迅速陷入衰竭、脱水和酸中毒。

流行特点

本病多见于7~10日龄的犊牛，10日龄以上的犊牛少见。在冬、春季舍饲期，牛舍潮湿、寒冷、通气不良、天气突变、拥挤、场地污秽等，发病较多；营养不足，饲料中缺乏足够的维生素、蛋白质，乳房不洁，幼犊牛出生后未食初乳或哺乳不及时或哺乳过多、过少等也可促使本病的发生或病情加重。肠炎是本病较缓和的一种形式。肠毒血症有较高的死亡率，但不多见。败血症的病情最急，病死率也最高，多发生在不吮初乳或未及时获得初乳中的母源抗体。主要感染途径是消化道，也可经子宫内感染和脐带感染。

临床症状

本病潜伏期很短，多数仅数小时。常以肠炎、败血症及肠毒血症形式出现。肠炎型病犊牛病初体温升至40℃左右，精神委顿，食欲减退或废绝，虚弱，拱背，卧地，数小时后即下痢，粪呈黄色或灰白色并呈泡沫粥样或水样，粪便中有未消化的凝乳块及凝血块（图3-48）。病犊牛常死于脱水和酸中毒。病程延长则出现肺炎、关节炎等症状（图3-49）。若及时治疗，一般可以治愈，但生长不良。肠毒血症型多发生在未吮过初乳的7日龄以内犊牛。病犊牛多以突然发病而死亡，病程稍长者则可见典型的中毒性神经症状（沉郁、昏迷），死前常出现剧烈的腹泻症状。败血症型主要发生于未吮过初乳的7日龄以内犊牛。病犊牛病程短促，多数病例体温上升和精神委顿，腹泻或有或无，有的病例未见腹泻而在症状出现后数小时至1天内死亡。病程延长者，则因关节炎、胸膜炎而死亡。

病理变化

死于败血症及肠毒血症的犊牛，常无特异的病变。由于肠炎而死亡的病犊牛，尸体消瘦，黏膜苍白，呈急性胃肠炎变化。胃内有凝乳块，胃黏膜充血、水肿、皱褶部分出血，表面附有黏液；肠内容物常混有血液和气泡，肠黏膜充血、水肿和出血（图3-50）；肠系膜淋巴结肿大，切面多汁或充血；肝脏、肾脏苍白，有些病例被膜下有出血点；心内膜也有出血点。

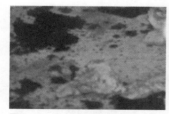
图3-48　患病犊牛排黄色带血粪便

图3-49　患病犊牛关节炎，不能站立

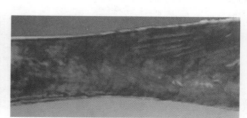
图3-50　病牛小肠黏膜充血、出血，附有浅红色黏液

病名	与牛大肠杆菌病（肠炎型）的相似点	与牛大肠杆菌病（肠炎型）的不同点
牛沙门菌病	二者均表现体温升高（40~41℃），下痢，粪带黏液、血液，精神委顿，虚弱，拱背，卧地；肠黏膜充血等	牛沙门菌病的病原为沙门菌；断奶或断奶不久的犊牛最易感，育成牛常在夏季、早秋发病，粪恶臭；剖检可见肠黏膜水肿，附有黏液，并含有小血块，心内膜有小出血点；用单克隆抗体可快速诊断
牛弯曲杆菌病	二者均表现精神委顿，体温升高，下痢；肠黏膜充血等	牛弯曲杆菌病的病原为弯曲杆菌；可感染不同年龄的牛，表现急性腹泻症，排出黄绿色或灰褐色甚至有大量黏液和血液的粪便，虽然传染性强，但全身症状轻微，病死率很低
犊牛梭菌性肠炎	二者均表现精神委顿，体温升高（40~41℃），下痢；肠黏膜充血等	犊牛梭菌性肠炎的病原是B型魏氏梭菌；以急性出血性和坏死性肠炎为特征；剖检可见小肠黏膜出血及坏死，与大肠杆菌病肠黏膜瘀血、出血、水肿不同；肠内容物可检出B型魏氏梭菌
犊牛衣原体病	二者均表现体温升高（40~41℃），拉稀，精神沉郁	犊牛衣原体病的病原为衣原体；病牛发病年龄较大（6月龄前），流鼻液，流泪，咳嗽，后有支气管炎
犊牛轮状病毒感染	二者均表现为出生后10日龄前发病，冬、春季多发，拉稀	犊牛轮状病毒感染的病原为轮状病毒；病牛粪呈黄色、液状，或灰暗水样，有时带血，发病率高，死亡率低（1%~4%）；电镜检出率高
犊牛蛔虫病	二者均表现拉稀，粪呈灰白色	犊牛蛔虫病的病原为弓首蛔虫；病牛体温不高，眼结膜苍白，粪有特殊腥臭味，口腔有特殊臭气，消瘦，毛粗乱；粪检可检出虫卵
牛肠炎	二者均表现体温升高（40℃），拉稀	牛肠炎病例无传染性，粪中有黏液、血液，不含凝乳块、凝血块及泡沫，粪腥臭而无酸败气味，不并发关节炎、脐炎、肺炎

1）加强饲养管理，保持牛圈干燥、清洁，分娩前后母牛乳房保持洁净。

2）犊牛应及时喂以初乳，避免犊牛过饱或过饥。

3）败血性大肠杆菌血清型很多，可用自家菌苗于产前接种。

（1）抗菌消炎　对犊痢可应用抗生素药物治疗，如庆大霉素、新霉素、链霉素、磺胺脒、诺氟沙星等。大肠杆菌容易产生抗药菌株，若遇有抗药菌株应更换敏感药物。

1）土霉素、链霉素或新霉素：内服的初次剂量为每千克体重用 30~50 毫克，12 小时后剂量可减半，连服 3~5 天；或以每千克体重 10~30 毫克的剂量肌内注射，每天 2 次，连用 3~5 天。

2）磺胺脒：口服，每次 20~30 克 / 头，每天 2~3 次，连用 3~5 天。

3）诺氟沙星：口服，10 毫克 / 千克体重，每天 2 次，连用 3~5 天。

4）口服高锰酸钾溶液即可收到较好的效果，每次 4~8 克 / 头，配成 0.5% 的水溶液灌服，每天 2~3 次，连用 3~5 天。

（2）补液　有脱水症状的静脉注射 5% 葡萄糖生理盐水 500~1000 毫升 / 头，或在其中加入碳酸氢钠或乳酸钠等注射液，以预防酸中毒。

（3）调整胃肠机能　根据具体病情应用相应的健胃止泻剂。如碱式硝酸铋（5~10 克 / 头）、白陶土（50~100 克 / 头）、活性炭（10~20 克 / 头）等，保护肠道黏膜，减少毒素的吸收，以促使其早日康复。或可进行灌肠，促使肠内有毒和腐败的物质排出。

十、牛沙门菌病

牛沙门菌病又称犊牛副伤寒，是由沙门菌（鼠伤寒沙门菌和都柏林沙门菌）所引起的一种犊牛的急性传染病，常见于 10~40 日龄的犊牛，其临床特征为病牛表现败血症和胃肠炎，慢性病例还可表现肺炎和关节炎。

本病主要侵害 10~40 日龄的犊牛。犊牛通常是由于采食了病牛、带菌牛粪尿污染的饲料、饮水等而感染发病，带菌母牛有时还可通过乳汁排出病菌。未喂初乳、乳汁不良、断奶过早、寒冷潮湿、寄生虫侵袭等因素可促使本病的发生。犊牛往往呈流行性发生，成年牛呈散发。

犊牛发病后，体温可高达 40~41℃，食欲废绝，不久排出灰黄色液状粪便，混有黏液、血液，具有恶臭味。多数病犊牛因脱水而死亡，未死者可能发生关节肿或支气管肺炎。

成年牛症状多不明显或取隐性经过，少数表现严重下痢，粪便带血，剧烈腹痛，并可很快死亡。妊娠牛流产，流产前阴门肿胀、流黏液，产死胎和弱仔。

本病即使症状消失，仍可随粪便排菌，污染外界，造成新的传染。

急性死亡的病例，主要病变为胃肠黏膜、浆膜瘀血、有出血斑，肠系膜淋巴结出血、水肿，肝脏、脾脏、肾脏可能肿大、有坏死灶（图3-51~图3-54）。

图3-51 病牛肠壁瘀血、色红，淋巴集结有些增生，呈髓样变

图3-52 病牛小肠黏膜有出血点

图3-53 病牛肝脏有瘀血斑纹

图3-54 病牛脾脏肿大

类症鉴别

病名	与牛沙门菌病的相似点	与牛沙门菌病的不同点
牛大肠杆菌病（肠炎型）	二者均表现体温升高（40.5~41℃），精神委顿，下痢，粪有黏液和血液，虚弱，拱背卧地；肠黏膜充血等	牛大肠杆菌病的病原为大肠杆菌；主要侵害7~10日龄的犊牛，潜伏期短，多数只有几小时，以腹泻、败血症及肠毒血症形式出现，腹泻粪便中伴有未消化的凝乳块及凝血块，常很快死亡；病程稍长者，常出现剧烈腹泻及中毒性神经症状，这些均与沙门菌病不同
牛副结核病	二者均表现腹泻，衰弱卧地；肠黏膜增厚（水肿），肠系膜淋巴结肿大等	牛副结核病的病原为副结核分枝杆菌，潜伏期长达数月或数年；病牛保持食欲，消瘦，脱毛；剖检可见肠系膜淋巴结肿大、变软，有黄白色病灶；病料涂片抗酸性染色、镜检，可见红色细小杆菌
牛弯曲杆菌性腹泻	二者均表现体温升高，食欲减退，腹泻，精神委顿，虚弱	牛弯曲杆菌性腹泻的病原为弯曲杆菌；病牛弯曲杆菌性腹泻以肠管呈现不同程度的坏死性及出血性肠炎为主，而且不见肝脏、脾脏、肾脏的坏死灶，这些与沙门菌病不同
牛布鲁氏菌病	二者均表现妊娠后期流产，流产前阴门肿胀、流黏液，产死胎和弱仔，胎儿浆膜腔有液体等	牛布鲁氏菌病的病原为布鲁氏菌；病牛胎衣呈黄色胶冻样浸润，覆有纤维蛋白絮片和脓液，绒毛叶有黄绿色纤维蛋白絮片或脂肪样浸出物，胎儿皮下胶冻样浸润；用布鲁氏菌水解素做尾根皮内注入，呈阳性反应

预防措施

1）加强对犊牛和母牛的饲养管理，保持卫生，减少诱病因素。

2）用牛沙门菌病氢氧化铝菌苗进行预防接种（用法参见说明书）。

3）发生本病后除隔离治疗病牛外，对其他牛应取其直肠拭子或阴道拭子，进行沙门菌检查，及时检出带菌牛，并予以淘汰。

4）死亡牛应深埋或烧毁，同时对圈舍、用具彻底消毒。

治疗方法

　　口服复方磺胺甲噁唑，每千克体重70毫克，首次量加倍，每天2次。沙门菌易产生抗药性，如用一种药物无效时，可换用另一种，如诺氟沙星等（用法参见犊牛大肠杆菌病）。下痢较重时，应对症治疗，及时输液，以防脱水（参见胃肠炎）。

十一、牛李氏杆菌病

　　牛李氏杆菌病是由李氏杆菌引起的一种人兽共患传染病。牛患这种病后常表现运动失调，肌肉震颤等脑神经症状。本病发病率不高，但病死率很高。

流行特点

　　各种畜禽都可感染发病。病畜和带菌动物排出病菌，污染周围环境。此外，该菌还可在青贮饲料中增殖，当牛采食了这种含有大量病菌的青贮饲料，即可感染发病。本病也可通过呼吸道、眼结膜和破损的皮肤感染。

　　本病主要发生于寒冷季节。

症状与病变

　　成年牛主要表现为神经症状。头颈因一侧麻痹而偏向健康侧（图3-55、图3-56），并沿该方向做圆圈运动，遇到障碍以头抵撞。有时吞咽肌麻痹而大量流涎。最后卧地不起，强行翻身，又迅速翻转过来。妊娠母牛常流产，但不伴发脑症状。犊牛常伴发败血症，血液单核细胞明显增多。病牛绝大多数迅速死亡。剖检病变不明显，只见脑膜轻度充血和炎症，犊牛肝脏有坏死灶和胃肠出血。

图3-55　病牛卧地不起，颈部歪斜

图3-56　病牛头部一侧麻痹，左耳下垂

类症鉴别	病名	与牛李氏杆菌病的相似点	与牛李氏杆菌病的不同点
	牛弓形虫病	二者均表现体温升高（41.5℃），转圈，肌肉僵硬，流鼻液，犊牛急性死亡，妊娠牛流产	牛弓形虫病的病原为弓形虫；剖检可见脑坏死灶有弓形虫
	牛妊娠毒血症	二者均表现食欲减退或废绝，视力减退，意识障碍，卧地四肢划动；肝脏有小坏死点等	牛妊娠毒血症无传染性，病牛妊娠后期发病，多表现营养不良，血检总蛋白和血糖少，血酮增多，尿丙酮呈阳性
	牛脑多头蚴病	二者均表现头颈歪向一侧，头向上仰，视力障碍，做圆圈运动	牛脑多头蚴病的病原为脑多头蚴；病牛体温不升高，转圈执拗，即使缰绳绕柱至鼻仍要转圈
	牛脑膜脑炎	二者均表现体温升高（40~41℃），兴奋前进时不避障碍物，共济失调	牛脑膜脑炎病例无传染性，体温升高，不自动下降，不出现头颈因一侧麻痹而弯向健康侧

预防措施　平时注意杀虫灭鼠，不喂变质青贮饲料。发现病牛应立即隔离、消毒。

治疗方法　早期大剂量地应用青霉素、土霉素或磺胺嘧啶钠，可能有效，但病牛出现神经症状时，则难以奏效。

十二、牛坏死杆菌病

牛坏死杆菌病是由坏死杆菌引起的多种家畜共患的一种慢性或亚急性传染病，其临床特征为病牛受害的皮肤、皮下组织和消化道黏膜发生坏死，排出产生特臭的气味。由于牛体发生部位不同而有坏死性口炎、腐蹄病等名称。

流行特点　坏死杆菌为革兰阴性菌，能产生外毒素引起组织水肿，其内毒素则使组织坏死。它广泛存在于土壤等自然界中，也常存在于健康牛的扁桃体和消化道黏膜上，通过粪便和唾液排出而污染环境。皮肤、黏膜和消化道一旦发生损伤，就有可能感染发病。牛群密集拥挤，饲养地面泥泞潮湿、杂有碎石、煤渣等，或长期在低洼潮湿的地方放牧，采食带刺植物等，可促使本病发生。本病常见于奶牛，犊牛更易发生，主要通过损伤的皮肤、黏膜感染。有时可经血液散布全身并形成坏死灶。

症状
与
病变

（1）**腐蹄病** 成年牛多发。病初跛行，找不到创口，但蹄部发热肿胀，极为疼痛。不久系部以下肿胀，皮肤破裂有渗出液，趾间或蹄后部皮肤出现坏死区（图 3-57），坏死灶内充满灰黄色恶臭的脓汁，有时可蔓延到滑液囊、腱、韧带和关节。严重者蹄匣变形或脱落，全身症状恶化，继发脓毒败血症而死亡。

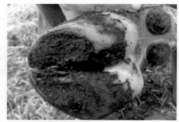

图 3-57 病牛蹄部病变

（2）**坏死性口炎（犊牛白喉）** 犊牛在长齿期间易发生坏死性口炎，俗称白喉。潜伏期为 3~7 天。病初厌食，体温升高，流涎，有鼻漏。有时咳嗽和呼吸困难。颊、齿龈、软腭、舌缘及咽后壁黏膜发生坏死，坏死灶表面附有污褐色粗糙的伪膜，伪膜脱落后露出溃疡面（图 3-58）。若病变在喉头，尚有颌下水肿及严重的呼吸困难。如蔓延至肺部则引起致死性支气管肺炎。未治疗者，通常 4~5 天死亡，也有延至 2~3 周者。如转移至肠，可引起坏死性肠炎而呈现下痢。此外，还可引起坏死性脐炎、腹膜炎、瘤胃炎、肝脓肿、包皮炎等，如治疗不及时，病牛可继发脓毒败血症而死亡。

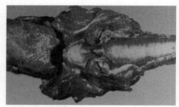

图 3-58 病牛坏死性口炎

类症
鉴别

病名	与牛坏死杆菌病（腐蹄病）的相似点	与牛坏死杆菌病（腐蹄病）的不同点
牛蹄部干性坏疽	二者均表现蹄部皮肤坏死、干燥、皱缩、硬固	牛蹄部干性坏疽无传染性，多因火烧、强酸等原因造成，病牛体温不高
牛系部皮炎	二者均表现系部以下肿胀，皮肤破裂、有渗出液	牛系部皮炎无传染性，初期有热痛和瘙痒，但不形成溃疡，不流污臭分泌物，体温不升高
牛蹄叉腐烂	二者均表现蹄叉腐烂，有污秽恶臭分泌物，跛行	牛蹄叉腐烂病例无传染性，先在蹄叉侧沟发生，逐渐向深部和周围扩散，形成大小不同的空洞，露出肉叉，体温不高
牛蹄冠蜂窝织炎	二者均表现体温升高，蹄冠肿胀，跛行	牛蹄冠蜂窝织炎病例无传染性，脓肿破溃后体温即下降，跛行也减轻，全身状况也好转
牛普通咽炎	二者均表现咽喉肿胀，呼吸、吞咽困难	牛普通咽炎无传染性，病牛颌下不水肿，口腔无溃疡，无伪膜
牛溃疡性口炎	二者均表现口腔有溃疡，易出血，流涎	牛溃疡性口炎病例无传染性，体温不高，溃疡无伪膜

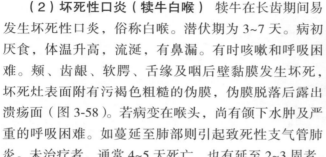

1）保持场地的清洁干燥，防止外伤。

2）在场区、栏舍出口设置 10 厘米深的消毒坑，内放 10% 硫酸铜或 10% 福尔马林溶液，以便牛出入时消毒蹄部。

3）发生外伤要及时处理。

4）适当补充钙粉，防止犊牛异食乱啃。

1）改善环境卫生，对腐蹄病，先彻底清除患部坏死组织，然后用 1% 高锰酸钾溶液或 3% 来苏尔冲洗，涂上 5%~10% 碘酊，或撒布冰硼散，用 1% 甲醛酒精绷带多层包扎后，涂融化的柏油或裹以石膏，防止绷带脱落或污物渗入。

2）对于坏死性口炎，小心除去伪膜，用 1% 高锰酸钾溶液冲洗口腔，然后涂擦碘甘油，每天 1~2 次，直到痊愈。为防止病菌转移，可肌内注射抗菌药物。如每头牛用青霉素 100 万 ~200 万国际单位 / 次，每天 2 次，连用 3~5 天。

3）有体温升高等并发症时，应注射抗生素或采取其他必要的对症疗法，如强心补液等。

十三、牛弯曲杆菌病

牛弯曲杆菌病又称牛弧菌病，是由弯曲杆菌所引起的人和动物的不同疾病的总称。与人、畜有关的主要有 2 种病型：由胎儿弯曲杆菌引起牛、羊暂时性不育和流产；由空肠弯曲杆菌引起人、马、牛等的急性肠炎。

1. 牛弯曲杆菌性流产

由胎儿弯曲杆菌性病亚种和胎儿弯曲杆菌胎儿亚种引起。前者寄生在牛的生殖器，可引起牛不育、流产；后者寄生在牛、羊肠内，可引起牛、羊流产。

病母牛、带菌公牛及康复后的母牛是传染源。病菌存在于母牛生殖道、流产胎盘和胎儿组织中，以及公牛的阴茎上皮和包皮的穹窿部。公牛可带菌数月，甚至数年。带菌时间往往与年龄有关，5 岁以上的公牛一般带菌时间长。

母牛感染 1 周即可从阴道子宫颈黏液中分离到病菌，感染后 3 周到 3 个月菌数最多，3~6 个月多数母牛自愈。本病几乎全部由于交配和人工授精而传播。成年母牛和公牛易感性高。

公牛一般无明显症状，精液也正常，但可带菌。

母牛呈现卡他性子宫内膜炎和输卵管炎。表现阴道黏膜发红，黏液分泌增多。病母牛发情周期不规律，配种受胎率高低差异大。流产多发生于妊娠的第5~7个月（80%以上），流产率为5%~10%。早期流产，胎衣常随之排出；后期流产，往往胎衣滞留、水肿（图3-59）。

图3-59　患病母牛流产胎儿

剖检可见胎膜粗糙、水肿、严重充血或有出血点，并覆盖一层脓性纤维蛋白物质；胎盘有些地方呈现浅黄色或覆盖有灰色脓性物；子宫内膜呈卡他性炎或化脓性内膜炎；流产胎儿的肝脏、脾脏和淋巴结呈现程度不同的肿胀，甚至有时可见散布着炎性坏死小病灶。病母牛常有输卵管炎、卵巢炎或乳腺炎。公牛精囊常有出血和坏死病灶，睾丸和附睾坏死，呈灰黄色。

病名	与牛弯曲杆菌病（流产型）的相似点	与牛弯曲杆菌病（流产型）的不同点
牛衣原体性流产	二者均表现流产，流产后再妊娠不再流产，胎儿水肿，体腔有血色液体	牛衣原体性流产的病原为鹦鹉热衣原体；病牛常并发死胎或胎衣滞留；子宫分泌物涂片染色、镜检可见红色原生小体和蓝色初级小体
牛布鲁氏菌病	二者均表现易在妊娠后第3~4个月流产，流产前2~3天阴门流带血黏液	牛布鲁氏菌病的病原为布鲁氏菌；病牛常并发子宫炎、角膜炎，公牛有睾丸炎；胎衣有黄色胶冻样浸润，并附着纤维素蛋白絮片和脓液，胎儿皮下有出血性胶冻样浸润，皱胃有浅黄或白色黏液、絮状物；用布鲁氏菌水解素0.2毫升做尾根皮内注射，48小时表现红肿热痛为阳性

牛群暴发本病时，暂停配种3个月，并用抗生素治疗，特别要注意局部的治疗，对于病公牛，在硬脊膜轻度麻醉后，拉出阴茎，连同包皮用多种抗生素制成的软膏（青霉素、链霉素、土霉素等）涂搽阴茎和包皮黏膜。母牛向子宫内投放链霉素和四环素族抗生素，连续5天。染病的公牛，最好淘汰。

2. 牛弯曲杆菌性腹泻

牛弯曲杆菌性腹泻又称牛冬痢或牛黑痢，与空肠弯曲杆菌有关，该菌寄生在肠内，可引起人、畜肠炎。

流行特点

本病主要发生于秋、冬季舍饲牛，不良的气候和饲养管理条件可促进本病的发生，犊牛和成年牛均可感染，但成年牛病情较重，犊牛带菌率达 29.4 %。呈地方性流行，流行期为 3 天到 3 周。发病过的牛群可产生一定的抵抗力，因此在一次流行后 3~4 年内很少再发生。病畜和带菌动物从粪中排菌污染的饲料和饮水，经消化道传播。人、动物及用具也可以机械地传播本病。

临床症状

本病潜伏期为 2~3 天。病牛表现突然发病，食欲不振，排出水样稀粪。一个牛群常在一夜里约有 20% 牛发生腹泻，粪呈棕黑色，有腥臭味，粪中伴有血液和血凝块（图 3-60、图 3-61）。2~3 天内可波及 80% 的牛。除少数严重病例外，多数病牛体温、食欲无明显变化。奶牛泌乳量下降 50%~95%。大多数病牛在 3~5 天内恢复，很少死亡。腹泻停止后 1~2 天，泌乳量逐渐回升。少数严重病牛（占发病牛群 5%~10%），可出现衰弱、脱水，不能站立，但若能及时治疗，也很少发生死亡。

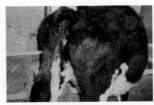 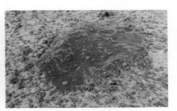

图 3-60　病牛剧烈腹泻　　　图 3-61　病牛水样血便

病理变化

呈现不同程度坏死性及出血性肠炎的病变。

类症鉴别

病名	与牛弯曲杆菌病（腹泻型）的相似点	与牛弯曲杆菌病（腹泻型）的不同点
牛大肠肝菌病	二者均表现体温升高，精神委顿，下痢，虚弱，拱背卧地，肠黏膜充血	牛大肠肝菌病的病原是大肠肝菌，主要侵害 7~10 日龄的犊牛，潜伏期很短，多数只有几小时，以腹泻、败血症及肠毒血症形式出现，腹泻粪便中伴有未消化的凝乳块及凝血块。其中败血症型主要发生于未吮过初乳的 7 日龄以内的犊牛，病程短促，有的病例未见腹泻而在数小时至 1 天内死亡；肠毒血症型多发生在未吮过初乳的 7 日龄以内的犊牛，常突然发病而死亡。病程稍长者常出现突然的腹泻症状及中毒性神经症状（沉郁、昏迷）

病名	与牛弯曲杆菌病（腹泻型）的相似点	与牛弯曲杆菌病（腹泻型）的不同点
牛副结核病	二者均表现体温升高，精神委顿，下痢，虚弱	牛副结核病的病原是副结核分枝杆菌；病牛腹泻从间歇性发展到持续性，由于持续性腹泻，病牛高度贫血和消瘦，并伴有下颌、胸垂、腹部水肿，传染性没有弯曲杆菌性腹泻强；此外，病理剖检，副结核病以肠系膜淋巴结肿大、肠黏膜增厚为特征；对副结核病还可用副结核菌素进行皮试，应为阳性
牛沙门菌病	二者均表现体温升高，精神委顿，下痢，虚弱	牛沙门菌病的病原是沙门菌，虽然可引起各种年龄牛发病，但主要侵害10~40日龄的犊牛，其病理变化主要是肝脏、脾脏、肾脏等实质器官有坏死灶；而弯曲杆菌性腹泻以肠道呈现出血性及坏死性肠炎为主。此外，沙门菌病的流行面没有弯曲杆菌性腹泻大
牛病毒性腹泻－黏膜病	二者均表现体温升高，精神委顿，下痢，虚弱	牛病毒性腹泻－黏膜病的病原是牛病毒性腹泻－黏膜病病毒；病牛口腔黏膜有坏死性病变，腹泻可呈现持续性，以此即可与弯曲杆菌性腹泻相区别
犊牛梭菌性肠炎	二者均表现体温升高，精神委顿，下痢，虚弱	犊牛梭菌性肠炎的病原是B型魏氏梭菌，以急性出血性和坏死性肠炎为特征，剖检可见小肠黏膜出血及坏死。另外，梭菌性肠炎主要发生在犊牛，病死率高；弯曲杆菌性腹泻可引起各种年龄的牛发病，并能引起急性腹泻，不过全身症状轻微、病死率低。实验室检查，可进行细菌分离鉴定，弯曲杆菌菌体是革兰染色阴性、细长、呈"S"形或"海鸥展翅"状弯曲，而梭菌是两端钝圆的革兰阳性大杆菌，有荚膜

预防措施 控制传染源及切断传播途径，加强粪便管理及无害化处理，不让粪便污染饲料及水源，加强屠宰场所的卫生管理，尽量防止胴体染菌。

治疗方法 主要对症和抗生素治疗。常用药有复方磺胺甲噁唑、小檗碱、庆大霉素、四环素、诺氟沙星等。疗程一般为3~5天。一般用药后3天内可见效果。也可补液，应用葡萄糖生理盐水静脉注射。对个别用药效果不明显者，应考虑病原菌产生了耐药性，应根据药敏试验结果，改用敏感性药物。

十四、牛钩端螺旋体病

钩端螺旋体病是由钩端螺旋体感染而引起的一种自然疫源性人兽共患传染病。临床上以发热、贫血、黄疸、血红蛋白尿、出血性素质、皮肤及黏膜坏死等为特征。

流行特点

鼠、猪是最重要的贮藏宿主。病牛和带菌动物是主要传染源，它们通过尿液等方式向外排出大量病菌，严重污染水源、土壤、饲料、圈舍和用具。易感牛经眼结膜、消化道、生殖道、皮肤创口或泡软的皮肤等途径感染发病。另外，昆虫也是一种传播媒介。犊牛的发病率高。本病呈地方性流行或散发。以雨水较多、鼠类活动频繁的季节多发。

临床症状

本病的潜伏期为 2~20 天。可分为 3 种类型。

（1）**急性型** 犊牛容易发病，体温突然升高到 40~41.5℃，呈稽留热，食欲废绝，精神萎靡。心跳加快，呼吸困难。可视黏膜黄染，有出血斑点。排出红色的血红蛋白尿。1~2 月龄的犊牛很快死亡。

（2）**亚急性型** 体温突然升高到 39~40.5℃，食欲不振，反刍减少或停止，泌乳量迅速减少，机体消瘦。乳房松软，乳汁呈红色或褐黄色，常有凝乳块。排出红色血红蛋白尿，可视黏膜黄染。妊娠母牛发生流产。皮肤坏死。

（3）**慢性型** 体温呈间歇热，病牛食欲减退，呼吸浅表，消瘦（图 3-62），呈现黄疸和贫血症状，黏膜坏死。反复发作，病牛消瘦，病程为 3~5 个月或更长。

病理变化

剖检可见口腔黏膜溃疡；皮肤上有坏死灶，皮下组织黄染，水肿；肝脏肿大，呈黄褐色或红褐色；肺气肿或水肿；肾脏肿大，表面有灰白色病变或出血斑点，呈现间质性肾炎变化；肠系膜淋巴结肿大；膀胱内有红色积尿；体腔内有出血性液体，胎盘水肿，胎儿皮下水肿（图 3-63）。

图 3-62　病牛呼吸浅表，消瘦

图 3-63　流产胎儿皮下水肿

病名	与牛钩端螺旋体病的相似点	与牛钩端螺旋体病的不同点
牛布鲁氏菌病	二者均表现体温升高，流产	牛布鲁氏菌病的病原为布鲁氏菌；流产多发生在妊娠后第5~8个月，产出死胎或弱胎，流产后可能出现胎衣不下，流产后阴道内继续排出褐色恶臭液体，母牛流产后很少发生再次流产；公牛常发生睾丸炎或附睾炎
牛弯曲杆菌性流产	二者均表现体温升高，流产	牛弯曲杆菌性流产的病原为弯曲杆菌；病牛通常在预产前4~6周流产，首例流产1个月后，牛群流产病例迅速增加，病牛阴门显著肿胀，胎儿肝脏有溃疡，无纤维蛋白附着；皱胃内容物涂片镜检可见弯曲杆菌

预防措施

1）定期监测，及时清除带菌动物，杀蚊灭鼠，杜绝传染源。

2）用漂白粉或2%氢氧化钠溶液消毒被污染的水源、饲料、牛舍、用具等，以防感染和散播。

3）定期预防接种含有当地流行菌型的钩端螺旋体多价灭活菌苗，肌内注射2次，间隔1周，用量为10~15毫升/头。免疫期约1年。加强饲养管理，提高牛群的抗病力。

治疗方法

1）青霉素、链霉素、先锋霉素、四环素、土霉素对本病都有一定疗效，每天肌内注射2次，连续5天为1个疗程。配合补充体液，甚至输给全血，疗效更好。对可疑感染的牛，可在饲料中混入土霉素（每千克饲料加0.75~1.5克），连喂7天。

2）可皮下注射免疫血清（100~200毫升/头）进行治疗。

十五、牛放线菌病

放线菌病又称大颌病，是由放线菌引起的牛、羊和其他家畜及人的一种非接触性传染的慢性传染病，牛最易感染。其临床特征为在病牛舌、颌骨、头部及颈部皮肤发生化脓的结缔组织增生性硬肿——放线菌肿。

流行特点

本病主要侵害2~5岁的牛，其病原体为口腔、咽和扁桃体中的常在菌，谷草上也广为存在，但不能从完好的黏膜、皮肤侵入。当换牙或采食粗糙带刺的饲料时，常因刺破口腔黏膜而感染，或经破损的皮肤侵入，因此，本病一般呈散发。

本病经常侵害上、下颌骨，以及唇、舌、咽、齿龈、头颈部的皮肤和皮下组织。病菌侵害之处，都发生硬固的、界限明显的、无热无痛或硬结的放线菌肿（图 3-64）。侵害颌骨时，多数从第 2、第 4 臼齿处开始；侵害软组织时，多见于颌下、头、颈等部位；侵害舌肌时，舌组织肿胀变硬，触压如木板，故又称木舌病。放线菌肿逐渐增大，影响呼吸、咀嚼和吞咽，还可穿透皮肤排脓，形成瘘管，经久不愈。脓液中含有坚硬光滑的、黄白色的细小菌块，甚似硫黄颗粒。

病理变化

当细菌侵入骨骼，使骨质异常增生，体积增大，密度降低，形如蜂窝状，也可发现形成瘘管通过皮肤到口腔，引起口腔黏膜溃烂。当某些器官受害时，可形成扁豆至豌豆大的结节，小结节可聚集成大结节，最后形成脓肿，脓肿中含有乳黄色脓液（图 3-65）。

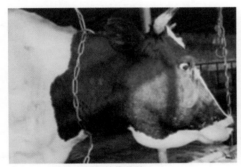

图 3-65　病牛上颌下面有大块放线菌肿，上颌窦已被充满，其切面可见放线菌肉芽组织增生，肉芽组织中有许多小化脓灶

图 3-64　病牛下颌部放线菌肿

类症鉴别

病名	与牛放线菌病的相似点	与牛放线菌病的不同点
牛齿槽骨膜炎	二者均表现上颌或下颌肿大，咀嚼、吞咽困难，流涎，出现下颌瘘管	牛齿槽骨膜炎病例无传染性，肿胀有热痛，表面平整，体温稍高
牛舌创伤	二者均表现舌尖露于唇外，流涎，吃食困难	牛舌创伤病例无传染性，舌面可见创伤，不发硬

预防措施

防止皮肤、黏膜发生外伤，有伤口及时处理。

治疗
方法

1）硬结可用外科手术切除或烧烙肿胀骨组织的病变中心部，若有瘘管，连瘘管一起彻底切除，填塞碘酊纱布，每天换 1 次，伤口周围注射 10% 碘仿乙醚。

2）内服碘化钾，成年牛每天 5~10 克 / 头，犊牛 2~4 克 / 头，连用 2~4 周。重症者可静脉注射 10% 碘化钾，牛每天 50~100 毫升 / 头，隔天 1 次，共用 3~5 次。在用药过程中，若发现碘中毒现象（黏膜卡他、皮肤发疹、脱毛等），应暂停药数天。

3）抗生素治疗，可用青霉素、链霉素在患部周围注射，每天 1 次，5 天为 1 个疗程。

4）链霉素与碘化钾同时应用，对软组织放线菌肿和木舌效果颇好。

第四章
牛寄生虫病的鉴别诊断与防治

04

一、牛蛔虫病

牛蛔虫病又称牛弓首蛔虫病，是由牛弓首蛔虫寄生于犊牛小肠而引起的一种寄生虫病。牛弓首蛔虫仅寄生于 6 月龄以内的犊牛，引起犊牛腹泻和死亡。

虫体及生活史

牛弓首蛔虫为黄白色，体表光滑，表皮半透明，形似蚯蚓，为前后两端略尖的大型圆柱状线虫。雄虫长 15~25 厘米，雌虫长 22~30 厘米（图 4-1）。

雌性成虫在牛小肠内产卵，随粪便排出体外，在适宜的温度及湿度下 7 天左右发育为感染性虫卵。当母牛吃草或饮水时将这种虫卵吞下，在小肠内孵出幼虫，幼虫穿过肠黏膜进入母牛体内，潜伏于组织中，当该母牛妊娠时，幼虫即开始活动，经胎盘进入胎儿体内，随血液循环经肝脏、肺、气管、咽转入胎儿消化道，或幼虫在母牛体内移行至乳腺，随乳汁被犊牛吞食，在小肠内寄生，至犊牛出生后约 4 个月，虫体成熟（图 4-2）。

图 4-1 牛弓首蛔虫

犊牛常在胎内感染

母牛食入而感染

初生犊牛排出虫卵

感染性虫卵

虫卵

图 4-2　牛弓首蛔虫发育图及图解

症状与病变

犊牛感染后精神不振，步态蹒跚，食欲减退或废绝，胃肠臌胀，腹泻，消瘦。早期还会出现咳嗽及便秘。严重时可导致死亡。

剖检在小肠内发现黄白色的牛弓首蛔虫虫体，或在血管、肺里找到移行期幼虫。

根据临床症状和粪便检查出虫卵（可采用直接涂片法或饱和盐水浮集法检出虫卵）即可确诊。

类症鉴别

病名	与牛蛔虫病的相似点	与牛蛔虫病的不同点
犊牛消化不良	二者均表现体温不高，拉稀，食欲不振	犊牛消化不良病例多发生于 1~7 日龄犊牛，粪中有奶瓣；年龄稍大（15 日龄以上）的牛，眼结膜充血，不排灰白色粪
犊牛肠炎	二者均表现食欲不振，拉稀，混有血液，有腥臭味	犊牛肠炎病例体温升高（40℃），眼结膜充血，粪不呈灰白色，粪检无虫卵
犊牛大肠杆菌病（肠炎型）	二者均表现食欲减退，下痢后体温正常，拉稀，排灰白色水样粪，有腹痛、肺炎	犊牛大肠杆菌病的病原为大肠杆菌；病牛体温升高（40℃），多发生于 10 日龄以内的牛，日龄稍大牛少见；粪中常含有凝乳块、凝血块

预防措施

（1）加强粪便管理　及时清除粪尿，保持厩舍卫生。粪便应堆积发酵，彻底杀灭虫卵。

（2）定期进行药物驱虫　在犊牛 1 月龄和 5 月龄时各进行 1 次驱虫。

（1）**阿苯达唑** 按每千克体重 5 毫克，混入饲料或配成混悬液 1 次口服。

（2）**左旋咪唑** 按每千克体重 8 毫克，混入饲料或饮水中 1 次口服。

（3）**哌嗪** 按每千克体重 200~250 毫克，1 次口服。

（4）**敌百虫** 按每千克体重 40~50 毫克，1 次口服。

二、牛胃肠道线虫病

引起牛胃肠道线虫病的线虫种类很多，主要有捻转胃虫、钩虫、结节虫、阔口圆虫和鞭虫，可单独感染，也可混合感染。病牛表现有消瘦、贫血、水肿、下痢等症状。

（1）**捻转胃虫** 寄生于牛皱胃，偶见于小肠。新鲜虫体呈浅红色，长 15~30 毫米，呈毛发状。成熟雌虫在皱胃产卵，卵随粪便排出体外，在适宜温度和湿度下 7 天左右发育为感染性幼虫，牛吞食这样的幼虫即被感染，经 20~30 天发育为成虫。

（2）**钩虫** 寄生于小肠内。虫体长 10~30 毫米，呈灰褐色，头部常向背面弯曲呈钩状。成熟雌虫在小肠内产卵，随粪便排出体外，在适宜温度和湿度下 8 天左右发育为感染性幼虫。幼虫感染宿主有两个途径，一是经口感染后幼虫进入宿主肠道，以口固定于小肠壁上发育为成虫；二是经皮肤进入血液循环到肺，再经支气管、气管进入消化道发育为成虫。

（3）**结节虫** 寄生于大肠。幼虫寄生于肠黏膜形成结节，故名结节虫。成虫呈乳白色，头端弯曲，长 10~20 毫米。虫卵在外界孵化为感染性幼虫后，经口进入宿主消化道，钻入大肠黏膜形成结节。在大肠内 8 天左右发育为成虫。

（4）**阔口圆虫** 寄生于结肠及盲肠。长 15~30 毫米，虫体前端略向腹面弯曲，呈浅黄色。雌虫在宿主肠道产卵并随粪排出体外，在适宜条件下发育为感染性幼虫，牛吞食该幼虫而感染，经 50 天左右在肠道中发育为成虫。

（5）**鞭虫** 寄生于盲肠。长 35~80 毫米，头端细如毛发，深深钻入肠黏膜中，尾端粗大，形似鞭子。虫卵随粪排出体外，在适宜条件下 10~14 天发育为感染性虫卵，牛吞食虫卵而感染。

牛胃肠道线虫生活史见图 4-3。

被牛食入而感染　　　　　　　　　　　虫卵随粪便排出

2次蜕皮成为感染性幼虫　　　　　　　适宜温度下孵出幼虫

幼虫在土壤中经过1次孵化

图4-3　牛胃肠道线虫发育图及图解

临床症状

　　牛感染后，由于体质强弱和感染程度不同而呈现不同症状。在重度感染时可出现消瘦，食欲减退，贫血，黏膜苍白，肠炎，腹泻，身体下垂部水肿，被毛粗乱，生长发育受阻，严重感染时可导致病牛死亡。

　　根据临床症状，结合粪便化验发现大量虫卵可以确诊。

类症鉴别

病名	与牛胃肠道线虫病的相似点	与牛胃肠道线虫病的不同点
犊牛消化不良	二者均表现体温不高，拉稀，食欲不振	犊牛消化不良病例多发生于1~7日龄犊牛，粪中有奶瓣；年龄稍大（15日龄以上）的牛，眼结膜充血，不出现水肿现象
犊牛大肠杆菌病（肠炎型）	二者均表现食欲减退，下痢，消瘦	犊牛大肠杆菌病的病原为大肠杆菌；病牛体温升高（40℃），多发生于10日龄以内的牛，日龄稍大的牛少见，粪中常含有凝乳块、凝血块
牛肝片形吸虫病	二者均表现消瘦，贫血，下痢，下颌水肿	牛肝片形吸虫病的病原为肝片形吸虫，中间宿主为淡水螺；病牛因吃了有囊蚴的水草或饮水而发病；剖检可见肝被膜有纤维素沉着，腹腔有带血液体，胆管壁增生，胆管内有虫体
牛绦虫病	二者均表现消瘦，贫血，下痢	牛绦虫病的病原为绦虫；病牛因吃了地螨而感染，有神经症状，粪中有孕卵节片，剖检可见小肠有虫体
牛胰阔盘吸虫病	二者均表现消瘦，贫血，下痢，水肿	牛胰阔盘吸虫病的病原为阔盘吸虫；病牛因吃了含有囊蚴的蟊斯而发病；剖检可见胰管有虫体

1）加强粪便管理，将粪便集中在适当地点进行生物热处理，以消灭虫卵和幼虫。

2）注意放牧和饮水卫生，夏季避免吃露水草，避免在低凹的牧地上放牧，不要在清晨、傍晚或雨后放牧，以减少感染机会。

3）禁饮低洼地区的积水和死水，应饮干净的流水和井水。

4）根据当地流行病学资料做出计划，适时进行预防性驱虫。

5）实行分区轮牧，适时转移牧场，最好是不同种牲畜进行轮牧。

6）加强饲养管理，合理补充精料，增加机体的抗病力。

7）坚持每年春、秋两季进行定期驱虫。有条件的可以进行寄生虫虫卵监测，粪便中发现有大量虫卵时及时驱虫。

治疗方法

（1）**阿苯达唑**　按每千克体重 5~10 毫克，混入饲料 1 次喂服，对以上各种线虫有效。

（2）**噻苯达唑**　按每千克体重 30~75 毫克，配成 5%~10% 的悬液，1 次口服。除鞭虫外，对其他胃肠道线虫效果很好。

（3）**左旋咪唑**　按每千克体重 5~6 毫克，1 次口服；或按每千克体重 3~4 毫克，配成饮水，也可获得满意的驱虫效果。

三、牛网尾线虫病

牛网尾线虫病又称牛肺丝虫病，是由胎生网尾线虫引起的一种寄生虫病。临床上以咳嗽、气喘和肺炎为主要症状。

虫体及生活史

胎生网尾线虫寄生于支气管中，呈弦线状，长 4~7 厘米（图 4-4）。成虫产出包含有蜷曲幼虫的虫卵，虫卵随痰液到口腔再被牛只吞下，最后随粪便排出体外。随粪便排出时，其虫卵中幼虫常常已经破壳逸出。幼虫在外界环境中生活数日，经 2 次蜕皮变成感染性幼虫，牛采食时将幼虫食入，经肠壁穿入到肠系膜淋巴结，再经淋巴管到血液进入肺部，钻入肺泡及支气管发育为成虫（图 4-5）。

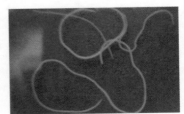

图 4-4　牛胎生网尾线虫成虫

被牛食入而感染

随粪便排出幼虫

2 次蜕皮成为感染性幼虫　　　　幼虫在环境中经过 1 次蜕皮

图 4-5　牛胎生网尾线虫发育图及图解

症状与病变

　　一般虫体在支气管内，刺激支气管黏膜，形成炎症，致使分泌物增多，有时和虫体一起阻塞支气管，从而引起肺气肿。感染严重时，病牛会出现咳嗽，鼻涕呈浅黄色，呼吸困难，贫血，消瘦，肺气肿严重时，会窒息死亡。

　　剖检时，可在肺支气管和气管内发现虫体（图 4-6）。

　　根据临床症状，取鼻液或粪便，如果发现幼虫，即可确诊。

图 4-6　肺支气管内虫体

类症鉴别

病名	与牛网尾线虫病的相似点	与牛网尾线虫病的不同点
牛流行热	二者均表现喘气，流鼻液，听诊有啰音	牛流行热的病原为流行热病毒，传播迅速；病牛眼结膜充血、肿胀，四肢关节疼痛，跛行，体温升高（40℃以上）
牛巴氏杆菌病	二者均表现呼吸急促、困难，咳嗽，流鼻液，听诊有啰音，食欲废绝	牛巴氏杆菌病的病原为巴氏杆菌；病牛体温升高（41℃），流涎，流泪，咽喉部肿胀，黏膜发绀；血液检查可见两端浓染的小杆菌
牛副流感	二者均表现呼吸加快，咳嗽，听诊有啰音	牛副流感的病原为副流感病毒；病牛体温升高（41℃），有脓性结膜炎，流泪多；有的有腹泻，有的膝软弱；取鼻液、粪便检验，无幼虫

病名	与牛网尾线虫病的相似点	与牛网尾线虫病的不同点
牛传染性胸膜肺炎	二者均表现呼吸困难，咳嗽，流鼻液，听诊有啰音，食欲减退或废绝	牛传染性胸膜肺炎的病原为丝状支原体；病牛体温升高（40~42℃），呈稽留热；痛性短咳，叩诊肋部有疼痛，听诊有摩擦音；取肺组织、胸腔渗出液培养 3~5 天后，取菌落镜检可见革兰阴性、细小的多形性菌体（呈球形、双球形、链球形、染色不均匀的线状、螺旋状、环状、半月状等）
牛支气管炎	二者均表现初干咳后湿咳，逐渐频繁，听诊有啰音，咳出带黄色黏液，由鼻孔流出，食欲减退，精神不振	牛支气管炎病例无传染性，呼吸不显困难。慢性时，早晚出牛舍或气温骤降，运动、采食时咳嗽加剧；取鼻液、粪便检验无幼虫

1）保持牛场和牛舍清洁卫生，并且注意饮水卫生。
2）定期驱虫，在高发区每年驱虫 2 次。

（1）**左旋咪唑** 按每千克体重 8 毫克，1 次口服。
（2）**阿苯达唑** 按每千克体重 8 毫克，拌料 1 次饲喂。
（3）**伊维菌素** 按每千克体重 200 毫克，皮下注射。

四、牛眼虫病

牛眼虫病也称牛吸吮线虫病，由吸吮线虫引起，虫体主要寄生于牛的眼部，包括结膜囊、第 2 眼睑和泪管。病牛主要呈现结膜炎、角膜炎。

吸吮线虫虫体较小，长 10~20 毫米，新鲜虫体为乳白色线状，体表有锯齿状横纹（图 4-7）。蝇类为吸吮线虫的中间宿主。雌虫在牛的瞬膜内产卵，当蝇类吸吮牛眼分泌物时，幼虫被吸入，随后在蝇体内发育为感染性幼虫，当蝇类吸吮其他牛眼分泌物时，又将感染性幼虫传播给健康牛，经 15~20 天发育为成虫。成虫可在牛眼内生存 2 年左右（图 4-8）。

图 4-7 牛吸吮线虫

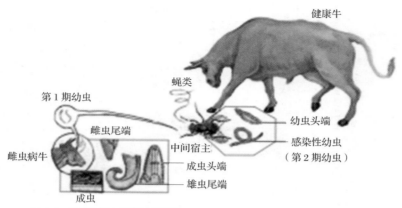

图 4-8　牛吸吮线虫发育图及图解

流行特点　各种年龄的牛均可感染，以犊牛和放牧牛多见。有明显的季节性，5~6月开始发病，8~9月达到高峰。

临床症状　病初结膜潮红，畏光流泪，眼睑肿胀，随后症状加重，从眼内流出黏液脓性分泌物，角膜混浊，出现圆形或椭圆形的溃疡，严重时可致一眼或双眼失明。

一般在眼部能观察到游动的虫体。

类症鉴别

病名	与牛眼虫病的相似点	与牛眼虫病的不同点
牛结膜炎	二者均表现结膜潮红、肿胀，畏光，流泪	牛结膜炎病例角膜不发炎，翻开眼睑不见虫体
牛角膜炎	二者均表现畏光，流泪，角膜混浊	牛角膜炎病例角膜四周有红晕，角膜、巩膜不见虫体
牛虹膜炎	二者均表现畏光，流泪	牛虹膜炎病例瞳孔缩小，虹膜纹理不清，不见虫体

防治措施

（1）**消灭中间宿主**　在流行季节，大力灭蝇；也可在眼部加挂防蝇帘。

（2）**成虫期前驱虫**　在6月和7月上旬，以1%敌百虫或2%噻苯达唑滴眼，进行全群性驱虫。

（3）**及时治疗病牛**

1）磷酸左旋咪唑：按每千克体重8毫克，口服，连服2天，有杀虫效果。

2）1%敌百虫：滴眼，有杀虫效果。

3）2%~3% 硼酸水、0.67% 碘溶液、0.2% 枸橼酸乙胺嗪或 0.5% 来苏尔，强力冲洗结膜囊，以杀死或冲出虫体。

4）2% 可卡因滴眼，虫体受刺激后由眼角爬出，然后用镊子将虫体取出。

五、牛脑多头蚴病

牛脑多头蚴病又称牛脑包虫病，由一种寄生于犬、狼等肉食动物的多头绦虫的幼虫（称为脑多头蚴）在牛的脑组织中寄生引起，幼虫体呈囊状，开始有豌豆大，以后逐渐生长到鸡蛋大，呈水泡状，所以又叫脑包虫。牛发病后常发生不由自主的转圈运动，所以民间称本病为"转场风"。

脑多头蚴为多头绦虫的中绦期，为乳白色半透明囊泡，呈圆形或卵圆形，其大小取决于寄生部位、发育的程度及动物种类。直径约为 5 厘米或更大。囊壁由 2 层膜组成，外膜为角质层，内膜为生发层，上面有 100~250 个原头蚴，头节具有 4 个圆形吸盘，囊内充满透明液体（图 4-9）。

成虫寄生于犬、狼等终末宿主的小肠内，脱落的孕节随粪便排出体外，虫卵逸出污染饲料或饮水。牛、羊等中间宿主因吞食此虫卵而感染，六钩蚴钻入肠壁血管，随血流到达脑和脊髓中，幼虫生长缓慢，2~3 个月发育为具有感染性的脑多头蚴。被血流带到其他部位的六钩蚴，不能继续发育而迅速死亡。犬、狼等食肉动物吞食含脑多头蚴的脑、脊髓而感染。脑多头蚴吸附于肠壁上而发育为成虫，在犬体内正常发育期为 41~73 天（图 4-10）。

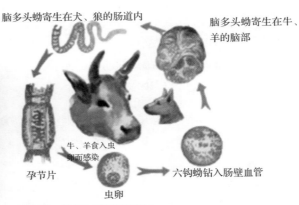

脑多头蚴寄生在犬、狼的肠道内

脑多头蚴寄生在牛、羊的脑部

孕节片

牛、羊食入虫卵而感染

虫卵

六钩蚴钻入肠壁血管

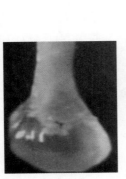

图 4-9　脑多头蚴　　　图 4-10　脑多头蚴生活史图解

本病的症状随虫体寄生部位不同具有不同的临床特征，病牛除消瘦、精神沉郁、食欲减退外，主要呈现以灶性症状为主的神经系统症状。常常卧地不起，对外界事物反应迟钝，一侧眼出现视力衰退或失明，有的将头偏向一侧，并做转圈运动（图 4-11），步态不稳，站立时四肢外展或内收。有时将头高抬或低垂，垂头者常盲目前进，直到将头抵于某物体时则呆立不动。在脑多头蚴寄生部位，头骨往往变软。

剖检病牛脑膜可发现脑多头蚴囊泡（图 4-12）。

图 4-11　病牛做转圈运动

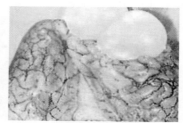

图 4-12　病牛脑膜上脑多头蚴囊泡

病名	与牛脑多头蚴病的相似点	与牛脑多头蚴病的不同点
牛铅中毒	二者均表现精神萎靡，共济失调，站立不稳，转圈	牛铅中毒病例肌肉抽搐，感觉过敏，磨牙，口吐白沫，眼球转动，瞳孔散大，绝食，先便秘后腹泻，盲目行走
牛铜缺乏症	二者均表现以前肢为轴心做圆圈运动，体温不高，运动障碍	牛铜缺乏症病例毛色变浅（红、黑色变棕红、灰白色），骨骼变形，关节畸形，还可出现癫痫症状，不断哞叫，血浆每毫升铜含量低于 0.5 微克

1）犬对本病的流行起很大作用，故应扑杀野犬，对家犬每年进行 2 次驱虫。驱虫可用槟榔，根据犬的大小给以 5~10 克；或吡喹酮，按每千克体重 2.5~5.0 毫克，口服。

2）对患有脑多头蚴病的动物，死后头部应严防被犬吞食，以免造成犬感染。手术治疗时从脑内取出的囊体必须销毁。

可采用外科手术自脑内将囊体取出。首先判定脑内虫体的位置，一般认为多在圆圈运动时的圆心侧和病眼的对侧。如果触诊能感到颅骨有软化区，则多数虫体即位于其下方。

部位确定后，患部剃毛消毒，做 U 字形切口，揭开皮肤以相反方向 U 字形切开骨膜后，对颅骨进行圆锯，取下骨片，以较粗针头垂直插入至有液体自针孔流出，再接上注射器，吸取囊液并吸着囊包膜，将针头抽出时囊体部分也将被吸出，即用镊子镊紧，边捻转边缓慢地将囊体拖出，而后按外科处理，缝合伤口。经手术后症状即缓解，也可用药物治疗，试用阿苯达唑按每千克体重10毫克，口服。

六、牛囊尾蚴病

牛囊尾蚴病也称牛囊虫病，由人体无钩绦虫的中绦期幼虫引起，囊尾蚴（即囊虫）主要寄生在牛的舌肌、咬肌、肋间肌等处，严重时几乎在所有肌肉内均有寄生。

牛的囊尾蚴一般为白色、半透明、黄豆粒大小的小囊泡，头节上有4个吸盘，并且没有顶突和小沟（图4-13）。

无钩绦虫寄生在人的小肠中，孕卵节片脱落后，随粪便排出体外，牛采食了被污染的水和饲料后，虫卵进入牛的身体，破膜释放出六钩蚴，然后六钩蚴进入肠系膜，随血液进入肌肉，经11周左右发育成囊尾蚴（图4-14）。

图 4-13　牛囊尾蚴

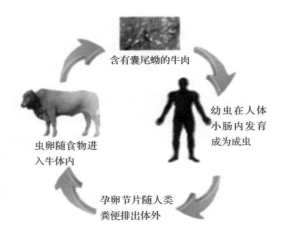

含有囊尾蚴的牛肉

幼虫在人体小肠内发育成为成虫

虫卵随食物进入牛体内

孕卵节片随人类粪便排出体外

图 4-14　牛囊尾蚴生活史图解

牛轻微感染时，不表现症状，严重感染时，一般表现体温升高，肌体虚弱，伴发腹泻，食欲减退或废绝，反刍减少或停止，症状严重时，会出现呼吸困难，心脏听诊心跳加快，治疗不及时会引起死亡。

牛的囊尾蚴主要寄生在深部肌肉中。宰杀后可发现囊尾蚴（图4-15、图4-16）。

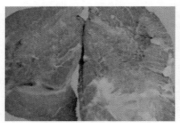

图 4-15　病牛骨骼肌寄生的囊尾蚴，呈灰白色、小泡状，内含液体和一个头节

图 4-16　病牛心肌寄生的囊尾蚴，在心室和心外膜均可见到，心外膜下的囊尾蚴常向外凸出，呈小泡状

在习惯吃生牛肉或半熟牛肉的地区，当牛出现高温、虚弱、拉稀、躺卧不起的症状时应考虑本病。对死牛或屠宰牛检查咬肌、舌肌、深腰肌和膈肌有囊尾蚴的存在。

1）加强肉食品检验，发现囊尾蚴的牛肉应及时处理，防止本病传播。

2）加强个人卫生，杜绝虫卵污染水源和饲料。

3）治疗。对病牛可用吡喹酮治疗，按每千克体重30毫克，1次口服。

七、牛棘球蚴病

牛棘球蚴病是由多种棘球绦虫的幼虫寄生在牛的肝脏、肺和其他器官内而引起的一种寄生虫病，是危害严重的人兽共患病。

棘球蚴一般呈球形，直径为5~10厘米，内含大量液体，囊壁分两层，外层为乳白色的角质膜，内层为生发膜，也叫胚层，胚层向内延伸形成育囊。

牛采食了犬排出的孕卵节片或虫卵后，卵内的六钩蚴在消化道逸出进入肠壁，随血液或淋巴进入全身器官后，发育成棘球蚴（图4-17）。

棘球蚴寄生数量不多时，症状不明显，只在剖检时见有虫体寄生。但在寄生数量多而同时虫体长大的情况下，可见长期顽固性的消化紊乱，营养失调，反刍无力，臌

牛食入虫卵
而感染

虫卵

犬排出虫卵

成虫寄生在犬肠道内

犬吃了病牛肺
或肝脏而感染

图 4-17　牛棘球蚴生活史图解

气，消瘦，黄疸。大量虫体寄生于肺部时，可出现呼吸困难、咳嗽等肺炎症状，叩诊可发现局限性半浊音区，听诊肺泡音弱或消失。肝脏受侵害时肿大，触诊时有疼痛感，叩诊肝浊音区扩大。

剖检可见肝脏、肺等实质器官内有棘球蚴（图 4-18、图 4-19）。

本病生前诊断比较困难，在剖检发现虫体方可确诊。

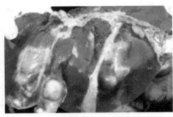

图 4-18　病牛肝脏内的棘球蚴囊泡

1）保持牛舍和饲料、水源的卫生，防止犬粪污染。

2）对犬定期驱虫，每季度 1 次，常用氯硝柳胺按每千克体重 15 毫克，口服。

3）病牛的脏器应焚烧或煮熟后应用。

八、牛血吸虫病

图 4-19　病牛肺内的棘球蚴囊泡

牛血吸虫病有 2 种，一种是由日本血吸虫引起的日本血吸虫病，另一种是由鸟毕血吸虫引起的鸟毕血吸虫病，均为人兽共患病。

（1）日本血吸虫 为线形虫体，雌雄异体，正常寄生时雌雄虫呈合抱状态，长10~26毫米（图4-20）。雌虫在肠系膜静脉及门静脉处产卵，卵随血流进入肝脏和肠壁，形成虫卵肉芽肿，肠壁肉芽肿向肠腔破溃，虫卵进入肠腔随粪便排出，落入水中，在适宜条件下孵出毛蚴。毛蚴侵入中间宿主钉螺，在其体内发育为具有感染力的尾蚴。尾蚴从螺体逸出进入水面游动，遇到易感宿主经皮肤或消化道感染，再经血流移行到门静脉和肠系膜静脉中寄生，发育为成虫。

（2）鸟毕血吸虫 雌雄异体，线状，长约5毫米。寄生于门静脉血管的雌虫产卵，卵经肠壁进入肠腔后随粪便排出，在水中孵出毛蚴，钻入中间宿主椎实螺体内，约经3周发育为具有感染力的尾蚴，尾蚴遇易感宿主时侵入其皮肤，移行到肠系膜静脉，2~3个月发育为成虫。

牛血吸虫生活史见图4-21。

以3岁以下的牛发病率最高，症状最重。血吸虫病呈地区性流行。日本血吸虫病主要见于长江流域及南方地区，鸟毕血吸虫病主要见于东北地区和内蒙古地区。夏、秋两季发生较多。

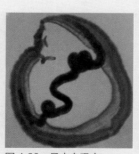

图4-20 日本血吸虫

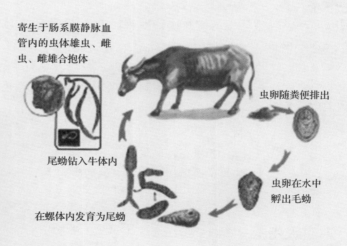

寄生于肠系膜静脉血管内的虫体雄虫、雌虫、雌雄合抱体

虫卵随粪便排出

尾蚴钻入牛体内

虫卵在水中孵出毛蚴

在螺体内发育为尾蚴

图4-21 牛血吸虫生活史图解

临床症状

急性型病例体温升高达 40℃ 以上，呈不规则的间歇热，有的呈稽留热，精神迟钝，离群呆立，食欲减退、消瘦，后期腹泻甚至大便失禁，排出物多呈糊状，夹杂有血液和黏液团块。病牛严重贫血，虚弱无力，起卧困难。最后或因进一步恶化而死亡，或转为慢性型。慢性型较多见，症状多不明显，但逐渐消瘦，役用牛使役能力下降，奶牛泌乳量下降，母牛不发情、不受孕，妊娠牛流产。犊牛患病后往往发育不良，成为侏儒牛。

病理变化

对死后或濒死的牛进行剖检，可在肠系膜静脉和门静脉内发现虫体。

类症鉴别

病名	与牛血吸虫病的相似点	与牛血吸虫病的不同点
牛肝片形吸虫病	二者均表现吃草、反刍减少，瘤胃蠕动减弱，消瘦，拉稀，黏膜苍白	牛肝片形吸虫病的病原为肝片形吸虫；病牛后期下颌、垂皮、胸下水肿，粪中虫卵比血吸虫卵大
牛沙门菌病	二者均表现体温升高（40~41℃），粪中有黏液、血液	牛沙门菌病的病原为沙门菌；病牛呼吸困难，食欲废绝，发病 12~24 小时即下痢、恶臭，眼结膜充血、黄染，腹痛剧烈，可在 24 小时或延至 3~5 天死亡；粪中无虫卵

防治措施

（1）**采取灭螺措施**　以土埋法或药物等方法进行灭螺。

（2）**加强粪便管理**　病牛和带虫牛的粪便，必须在无害化处理后再利用。同时，要管理好水源，防止污染。

（3）**对病牛驱虫治疗**　吡喹酮：为目前较为理想的杀血吸虫药，被广泛应用于人、畜血吸虫病的治疗。黄牛按每千克体重 30 毫克，1 次口服。

九、牛肝片形吸虫病

牛肝片形吸虫病也称牛肝蛭病，由肝片形吸虫引起，是一种人兽共患寄生虫病，以急性或慢性肝炎、胆管炎为特征。

虫体及生活史

肝片形吸虫寄生于肝脏、胆管中，新鲜虫体呈棕红色、柳叶状，虫体大小一般为（20~30）毫米 × （8~13）毫米（图 4-22）。成虫在胆管中产卵（图 4-23），卵随胆汁进入肠管，再随粪便排出体外。在水中孵出毛蚴，毛蚴钻进中间宿主椎实螺体内发育成许多尾蚴，尾蚴离开螺体，吸附在水草上，然后脱去尾部，形成囊蚴，牛在吃草或饮水时吞食了囊蚴而受感染。在消化液作用下，幼虫破囊而出，经十二指肠胆管开口进入肝脏、胆管，或经血流到达肝脏、胆管，也可经腹腔直接进入肝脏、胆管。经童虫阶段发育为成虫，成虫在肝脏、胆管中能存活5年之久（图4-24）。

图4-22　肝片形吸虫的成虫

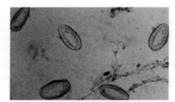

图4-23　肝片形吸虫的虫卵

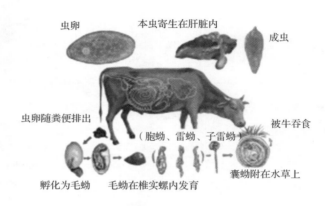

虫卵　　　本虫寄生在肝脏内　　　成虫

虫卵随粪便排出　　　被牛吞食

（胞蚴、雷蚴、子雷蚴）

孵化为毛蚴　　毛蚴在椎实螺内发育　　囊蚴附在水草上

图4-24　牛肝片形吸虫生活史图解

流行特点　　本病的发生由于受中间宿主椎实螺的限制而有区域性，易在低洼地、湖浸草滩、沼泽地带流行，干旱年份流行轻，多雨年份流行重。夏季为主要感染季节。

临床症状　　轻微感染时，成年牛症状不明显，而犊牛症状重，病牛食欲减退，反刍减少，逐渐消瘦（图4-25），经常发生瘤胃膨气，贫血，水肿，有时出现下痢和腹泻。后期出现精神沉郁，泌乳量下降，妊娠牛可出现流产，由于出现急、慢性肝炎，可出现可视黏膜黄染，最后出现衰竭死亡。

图4-25　病牛消瘦

病理变化　　剖检病死牛，肝脏肿大、充血，索状胆管凸出于肝脏表面，可在肝脏、胆管中发现肝片形吸虫虫体（图4-26、图4-27）。

图 4-26 在病牛肝脏可发现
虫体

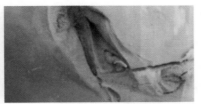
图 4-27 病牛肝脏肿大、充血，索状胆管凸
出于肝脏表面，肝脏、胆管内可见大量虫体

诊断时，可选择粪便检查虫卵和皮内变态反应来确诊。

病名	与牛肝片形吸虫病的相似点	与牛肝片形吸虫病的不同点
牛前胃弛缓	二者均表现吃草、反刍减少，瘤胃蠕动弱，可视黏膜苍白，消化机能紊乱，便秘与腹泻交替出现	牛前胃弛缓病例一年四季皆可发生，磨牙，鼻镜干燥，瘤胃发生程度不特别严重的微胀；慢性病例，症状不定，时好时坏
牛肠卡他	二者均表现吃草、反刍减少，瘤胃蠕动弱，腹泻	牛肠卡他急性病例饮欲增加，口腔湿润，肠音增强似流水；慢性病例精神较差，食欲时好时坏

（1）**加强粪便管理** 把平时或驱虫后的粪便收集在一起，掺入杂草堆积发酵。

（2）**消灭中间宿主** 配合农田水利建设，填平低洼水坑，消灭椎实螺滋生地；水面可放养鸭子，捕食椎实螺；也可用氨水、氯硝柳胺等药物灭螺。

（3）**安全放牧** 避免在低洼、潮湿的牧地放牧和饮水，以减少感染机会。

（4）**定期驱虫** 在疫区，对牛每年春、秋两季各驱虫 1 次。

1）硝氯酚：治疗肝片形吸虫病的特效药之一，按每千克体重 3~4 毫克，拌入饲料中喂服。针剂按每千克体重 0.5~1 毫克，深部肌内注射。

2）碘醚柳胺：本药对肝片形吸虫的成虫及在发育中的童虫都有很强的驱杀作用，用量为每千克体重 10 毫克，1 次口服。

3）阿苯达唑：对牛肝片形吸虫有良好的驱虫作用，对童虫效果差，用量为每千克体重 15~25 毫克，1 次口服。

十、牛前后盘吸虫病

前后盘吸虫病是由前后盘科的各属吸虫寄生于牛、羊反刍兽的瘤胃和胆囊壁上而引起的一种吸虫病。当大量童虫在移行时或成虫寄生在瘤胃、网胃、小肠、胆管和胆囊，可引起严重的症状，甚至发生大批死亡。

前后盘吸虫种类很多，形态大小也不一样，小的只有几毫米，大的长达20毫米左右，颜色不同，有浅红色、深红色和灰白色。该类虫有共同特征：一般虫体呈圆锥状和圆柱状，表面光滑无刺，有前后两吸盘，腹吸盘位于虫体后端，明显大于口吸盘（图4-28）。

虫卵随粪便排出体外，在合适的环境中发育成毛蚴，在水中遇到中间宿主（淡水螺），在淡水螺体内，经胞蚴、雷蚴发育成尾蚴，离开淡水螺后形成囊蚴。牛采食囊蚴后感染，幼虫先在小肠、胆管、胆囊、皱胃黏膜上寄生3~8周后，最后进入瘤胃发育成成虫（图4-29）。

虫卵寄生在皱胃内

虫卵随粪便排出

孵化为毛蚴

尾蚴附着于水草上，形成囊蚴。被牛吞食引起感染　尾蚴　雷蚴　中间宿主　胞蚴

图4-28　前后盘吸虫成虫　　　图4-29　牛前后盘吸虫生活史图解

少量的成虫对牛的危害比较轻微，但当大量虫体寄生时，即产生明显的临床症状。病牛表现为体质消瘦、下颌水肿、贫血。童虫对动物的危害更加严重，童虫在移行期间可引起小肠、皱胃黏膜水肿、出血，发生出血性胃肠炎，或者使肠黏膜发生坏死和纤维素性炎症。胆管、胆囊膨胀，内含童虫。病牛在临床上表现为顽固性下痢，粪便呈粥样或水样，常有腥臭味。体温有时升高，食欲减退，精神委顿，消瘦，贫血，颌下水肿，黏膜苍白，最后病牛极度衰弱，表现为恶病质状态，卧地不起，因衰竭而死亡。

剖检时可见在瘤胃、网胃、胆囊、小肠等处有大量虫体（图 4-30、图 4-31）。

图 4-30　病牛网胃壁的网眼内吸附数个红色小豆样的前后盘吸虫成虫，局部黏膜受损

图 4-31　在病牛瘤胃、网胃壁上附着大量前后盘吸虫

本病可根据症状和粪便中检出大量虫卵（采用水洗沉淀法或尼龙筛兜集卵法）而做出诊断。

类症
鉴别

病名	与牛前后盘吸虫病的相似点	与牛前后盘吸虫病的不同点
牛前胃弛缓	二者均表现吃草反刍减少，瘤胃蠕动弱，行动缓慢，精神不振	牛前胃弛缓病例不出现红细胞减少，瘤胃内无虫体，粪中检不出虫卵
牛焦虫病	二者均表现吃草反刍减少或废绝，瘤胃蠕动弱，消瘦，眼结膜苍白、黄染，红细胞减少	牛焦虫病的病原为焦虫；病牛尿呈浅红色或茶褐色，血检可见焦虫，体表可见蜱，瘤胃液中无虫体
牛肝片形吸虫病	二者均表现吃草反刍减少，瘤胃蠕动弱，经常拉稀，颌下、垂皮水肿，行动缓慢	牛肝片形吸虫病的病原为肝片形吸虫；病牛洗胃时不见虫体（前后盘吸虫），粪检肝片形吸虫虫卵为圆形、黄褐色、壳薄透明，卵内充满卵黄细胞（前后盘吸虫卵内一端充满、一端有空隙）

防治
措施

1）做好粪便发酵处理，消灭中间宿主，并且禁止牛饮用感染幼虫的水。

2）定期驱虫，每年春、秋季各 1 次。用硝氯酚，按每千克体重 5 毫克，1 次口服。

十一、牛胰阔盘吸虫病

牛胰阔盘吸虫病也称牛胰蛭病，主要由阔盘属吸虫（主要有胰阔盘吸虫）寄生在牛的胰脏、胰管内引起发病。

寄生于牛胰管的阔盘吸虫主要有 3 种，即胰阔盘吸虫、腔阔盘吸虫和枝睾阔盘吸虫。虫体呈棕红色、长椭圆形、扁平（图 4-32），稍透明，吸盘发达，故名阔盘吸虫。虫体长 5~16 毫米、宽 2~6 毫米，3 种阔盘吸虫的生活史相似，都要经过成虫、虫卵、毛蚴、胞蚴、尾蚴和囊蚴等阶段，都必须更换 2 个中间宿主。成虫在胰管产卵，虫卵随胰液进入肠道，然后又随粪排出体外，虫卵被第一中间宿主陆地蜗牛吞食，在其体内经毛蚴、母胞蚴发育成子胞蚴。子胞蚴离开蜗牛体被第二中间宿主草蟊或针蟀吞食，子胞蚴在其体内形成尾蚴，最后发育为具有感染力的囊蚴，牛吞食草蟊或针蟀后被感染。囊蚴到达牛十二指肠后，囊壁崩解，后期尾蚴脱囊而出，并顺胰管开口进入胰脏，再经 60 天左右发育为成虫（图 4-33）。发病有区域性，多发生在比较低洼、潮湿的山间草场上，因为这些地方适于蜗牛及草蟊生存，也是牛经常放牧与饮水的地方。牛的感染季节为 8~9 月，发病时间为第二年 2~3 月。

成虫寄生在胰脏

虫卵随粪便排出

被牛采食　子胞蚴被红脊草蟊吞食　　蜗牛吞食虫卵（第一宿主）
（第二中间宿主）

囊蚴

毛蚴

尾蚴　　子胞蚴　　母胞蚴

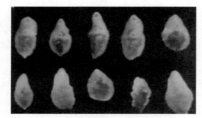

图 4-32　阔盘吸虫成虫

图 4-33　牛阔盘吸虫生活史图解

一般由于虫体在胰管内，刺激胰管，从而造成胰管发炎，甚至阻塞，引起消化障碍。病牛主要表现消瘦，贫血，下颌、胸前水肿，腹泻严重，并且粪便中带有黏液，严重时引起死亡。

死后剖检可发现胰腺肿大，胰管呈慢性增生性炎症，管壁厚，胰管内可见有大量虫体（图 4-34、图 4-35）。

根据症状，可取粪便用反复沉淀法发现虫卵而确诊。

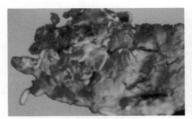

图 4-34　阔盘吸虫寄生的胰脏病变

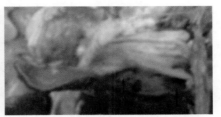

图 4-35　胰脏内存在吸虫的导管壁增厚及棕红色叶状虫体

类症鉴别

病名	与牛胰阔盘吸虫病的相似点	与牛胰阔盘吸虫病的不同点
牛肝片形吸虫病	二者均表现消瘦，贫血，下痢，水肿	牛肝片形吸虫病的病原为肝片形吸虫；病牛多在低洼和沼泽区吃水草而感染（夏、秋季天气炎热时流行），中间宿主是淡水螺，虫卵较大
牛前后盘吸虫病	二者均表现拉稀，消瘦，贫血，黏膜苍白，水肿	牛前后盘吸虫病的病原为前后盘吸虫；病牛粪呈粥样、腥臭，如服驱虫药可见粪中有童虫，虫卵呈浅灰色，导出的瘤胃液中可见到粉红色、梨形虫体
牛双腔吸虫病	二者均表现下痢，消瘦，水肿	牛双腔吸虫病的病原为双腔吸虫；病牛肝脏肿大，黏膜黄疸，剖检时将肝脏在水中撕碎可检出虫体
牛肠卡他	二者均表现食欲减退，拉稀，消瘦	牛肠卡他病例贫血不严重，不出现水肿，粪时干时稀，粪中无虫卵

防治措施

1）做好粪便发酵处理，消灭中间宿主。

2）定期驱虫，每年春、秋季各 1 次。吡喹酮，按每千克体重 30~50 毫克，腹腔注射。

十二、牛泰勒焦虫病

牛泰勒焦虫病多由环形泰勒焦虫所引起，虫体寄生于红细胞和淋巴系统中。为急性发热性疾病，并表现贫血和淋巴结肿大，死亡率高。

寄生于红细胞内的虫体呈环形、椭圆形、逗点形或杆形,椭圆形虫体多于杆形虫体。一个红细胞内可寄生1~12个虫体,常见2~3个。寄生在网状内皮系统细胞的环形泰勒焦虫,进行裂体增殖形成多核虫体,即裂殖体或石榴体。裂殖体呈圆形、椭圆形或肾形,位于淋巴细胞、单核细胞胞浆内或细胞外。

环形泰勒焦虫在淋巴细胞中进行无性繁殖,由单一的个体变为多核的石榴体。其后每一核再发育成一个新个体,并再进入另一个新的淋巴细胞,继续无性繁殖后,进入红细胞而成配子体,配子体在红细胞内不再繁殖。蜱的幼虫或若虫吸血后,配子体即进入其体内,待幼虫或若虫蜕化到下一阶段,配子体经过有性繁殖产生子孢子,并进入其唾液腺,当蜱再吸牛血时而传染给健康牛(图4-36)。

红细胞内成熟的子孢子

六足幼虫

环形泰勒原虫裂殖体结构示意图 虫卵

图4-36 牛环形泰勒焦虫生活史图解

泰勒焦虫病的流行有区域性和季节性,与蜱的出现有密切关系。每年6月中下旬开始发病,7月上中旬为发病高峰,8月上旬逐渐平息。犊牛发病较多,由非疫区调入疫区的牛发病急剧,而疫区牛发病较轻。

本病潜伏期为14~20天。病初体表淋巴结肿痛,体温升高到40.5~41℃,呈稽留热型。呼吸急促,心跳加快。精神委顿,结膜潮红。中期体表淋巴结显著肿大,为正常的2~5倍。反刍停止,先便秘后腹泻,粪中带血丝。可视黏膜有出血斑点。步态蹒跚,起立困难。后期结膜苍白、黄染,在眼睑和尾部皮肤较薄的部位出现粟粒至扁豆大的深红色出血斑点，病牛卧地不起，最后衰竭死亡。

血液稀薄，全身性出血，皱胃有炎症或溃疡；淋巴结肿大、出血（图 4-37、图 4-38）。

图 4-37　病牛皱胃黏膜见有许多大小不等的圆形溃疡，其中心凹陷，出血色红，外围隆起

图 4-38　病牛淋巴结高度肿大，切面红

诊断时采耳尖血或穿刺体表淋巴结涂片，姬姆萨氏液染色后镜检，若在红细胞内发现泰勒原虫或在淋巴细胞内发现石榴体，即可确诊。

病名	与牛泰勒焦虫病的相似点	与牛泰勒焦虫病的不同点
牛双芽巴贝斯焦虫病	二者均由蜱传染，均表现体温升高（40~41℃），呈稽留热，消瘦、贫血，黄疸，血稀，红细胞减少（200万~300万），尿频而量少，便秘或下痢，心跳、呼吸加快	牛双芽巴贝斯焦虫病的病原为双芽巴贝斯焦虫；病牛表现血红蛋白尿，尿色由浅红、棕红至黑红；无体表淋巴结肿胀，无肌肉震颤，眼睑、尾根皮肤薄处无溢血斑
牛无浆体病	二者均由蜱传染，均表现体温升高（40~41.5℃），食欲、反刍减少，精神沉郁，消瘦、便秘，腹泻，心跳、呼吸加快，黄染，肌肉震颤	牛无浆体病的病原为边缘无浆体；病牛可视黏膜及皮肤十分苍白，眼睑、咽喉、颈部水肿，尿清常起泡沫；取 2 滴待检血浆或血清，加 1 滴抗原，在室温（19~30℃）下混合，转动 4 分钟出现颗粒状凝集者为阳性

（1）**灭蜱**　根据蜱的生活习性进行杀灭，常用的药物有 1%~2% 敌百虫溶液等。

（2）**疫苗接种**　在疫区，接种牛泰勒焦虫病裂殖体胶冻细胞苗，接种后 2 天产生免疫力，免疫期在 80 天以上。

（3）**药物预防**　在发病季节，可应用三氮脒，按每千克体重 3 毫克，配成 7% 的溶液深部肌内注射，每隔 20 天 1 次。

治疗方法

对牛泰勒焦虫病要做到早发现、早治疗。在杀虫的同时配合输血及对症治疗，可以降低死亡率。可用三氮脒，按每千克体重 7 毫克，配成 7% 溶液深部肌内注射，每天 1 次，连用 3 次。

十三、牛弓形虫病

弓形虫病又称弓形体病及弓浆虫病，是一种由龚地弓形虫（图 4-39）在细胞内寄生所引起的人兽共患原虫病。本病分布很广，可引起牛的发热、呼吸困难、咳嗽及神经症状，严重者甚至死亡。妊娠牛可发生流产。

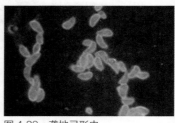

图 4-39　龚地弓形虫

虫体及生活史

龚地弓形虫的发育过程需要两个宿主。一个是终末宿主，目前所知只有家猫及猫属、山猫属的动物。龚地弓形虫在猫的小肠上皮细胞内进行类似球虫的裂体增殖和配子生殖，形成卵囊，并随猫粪排出体外，经过孢子增殖发育为含有 2 个孢子囊的感染性卵囊。另一个是中间宿主，目前已知的有 200 余种动物（包括哺乳类、鸟类、鱼类、爬行类和人类），猫也是它的中间宿主。在中间宿主体内，弓形虫在有核细胞内进行无性繁殖，于急性感染过程中，形成半月形、香蕉状的速殖子（滋养体），在网状内皮细胞内则形成虫体集落（假囊）。如果病程转为慢性，则虫体形成包囊（组织囊），包囊内含有许多与速殖子形态相似的慢殖子。

牛吞食了猫粪或病畜的肉、内脏、渗出物、排泄物或乳汁而被感染，也可经过破损的皮肤、黏膜而感染，还可经胎盘垂直传染给胎儿。

临床症状

本病潜伏期为 3~24 天。病牛多呈急性发作，体温升高到 40℃ 以上，呼吸困难，结膜充血，运动失调，精神极度兴奋，然后转入昏迷状态，常便血。妊娠牛流产，多为死胎，有的生下后很快死亡，有的呈现发热、呼吸困难、咳嗽、流鼻涕，以及阵发性痉挛、磨牙、头颈震颤等神经症状，在 2~3 天内死亡。

病理变化

剖检可见急性病例呈全身性病变。淋巴结、肝脏、肺和心脏等肿大，有许多出血点和坏死灶。肠道严重充血，黏膜上可见扁豆大坏死灶。肠腔和腹腔内有大量渗出液。慢性病例可见各脏器水肿，有散在性坏死灶。

病名	与牛弓形虫病的相似点	与牛弓形虫病的不同点
牛流行热	二者均表现精神沉郁，呼吸困难，体温升高，便秘或腹泻	牛流行热的病原为牛流行热病毒；病牛表现肌肉震颤，食欲废绝，粪干呈黑色，外附黏液或血液
犊牛肺炎	二者均表现体温升高（40~41℃），呼吸加快，咳嗽（病久），流鼻液	犊牛肺炎病例无流行性，多发生于1~15日龄；病牛胸部听诊有啰音，头不震颤
牛支气管炎	二者均表现体温升高，咳嗽，流鼻液	牛支气管炎病例无流行性，急性初干咳后湿咳，慢性吸入冷空气时咳嗽加剧，头不震颤

预防措施

（1）**灭鼠防猫** 注意灭鼠，牛场附近禁止养猫，发现野猫及时消灭。加强饲草、饲料保管，严防猫粪污染。

（2）**隔离消毒** 发现病牛立即隔离，并对牛舍、饲养场和用具用1%来苏尔液或3%氢氧化钠或火焰等进行消毒。病死牛的尸体，要严格处理。接触病牛的人员要做好个人防护，防止感染。

治疗方法

用磺胺嘧啶或二甲氧苄啶，前者按每千克体重70毫克，后者按每千克体重14毫克，每天2次口服，连用3~5天。

十四、牛皮蝇蛆病

牛皮蝇蛆病主要指牛皮蝇和纹皮蝇寄生在牛的背部皮下组织而引发的寄生虫病。

虫体及生活史

成虫外观看似蜜蜂，体长13~15毫米，体表有绒毛，口器退化，不能采食。而寄生在皮下的成熟幼虫（第三期幼虫），虫体粗大，长约20毫米，呈棕褐色，背部较平，腹面稍隆起，并且有许多带刺的结节。纹皮蝇与牛皮蝇的发育基本相同，其发育过程属于完全变态，经过卵、幼虫、蛹、成虫4个阶段。雌、雄蝇一般在夏季晴朗的时候交配。交配后，雌蝇飞到牛身上产卵，卵经过6天左右，孵化出第一期幼虫，第一期幼虫钻入皮下移行到咽部和食道发育成第二期幼虫，然后移行到背部发育成第三期幼虫，第三期幼虫由皮肤蹦出，钻入土中形成蛹，蛹经过1~2个月破蛹形成蝇（图4-40）。

图 4-40　牛皮蝇发育史图解

临床症状　　　雌蝇向牛体产卵时，牛表现高度不安，呈现喷鼻、蹴踢、奔跑。幼虫钻进皮肤和皮下组织移行时，引起牛体瘙痒、疼痛和不安。幼虫移行到背部皮下，局部发生硬肿，随后皮肤穿孔（图 4-41、图 4-42），流出血液或脓汁，病牛长期受侵扰而消瘦、贫血、泌乳量下降。

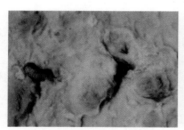

图 4-41　牛皮蝇幼虫从隆包中钻出

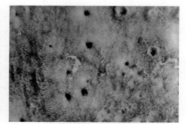

图 4-42　皮肤上蝇幼虫钻出的空洞

　　　诊断时，在病牛背部两侧皮下可以摸到许多硬肿（皮蝇疔），并能从皮肤穿孔处挤出幼虫。剖检时在食管壁和皮下能发现幼虫。

类症鉴别

病名	与牛皮蝇蛆病的相似点	与牛皮蝇蛆病的不同点
牛疥螨病	二者均表现不安，瘙痒，皮肤有结节	疥螨病的病原为疥螨虫；病牛皮肤不形成瘤肿（皮肤隆起），可在病变中检出螨虫

病名	与牛皮蝇蛆病的相似点	与牛皮蝇蛆病的不同点
牛皮肤霉菌病（毛癣）	二者均表现不安，瘙痒，皮肤有结节	牛皮肤霉菌病（毛癣）病例的病变多在肩、胸壁、肷部、臀部，瘙痒程度较轻，皮肤不形成瘤肿（皮肤隆起）；镜检可见毛癣菌或小孢霉菌
牛皮炎	二者均表现不安，瘙痒	牛皮炎病例无流行性，皮肤潮红，可产生水疱（水疱性皮炎）、脓疱（脓疱性皮炎），但不形成瘤肿（皮肤隆起）；局部常有较大面积肿胀、热痛，严重时易伴发皮下组织化脓，形成蜂巢织炎，不仅出现全身症状（体温升高至 39~40℃，食欲废绝等），还会形成坏疽性或腐蚀性皮炎
牛皮肤瘙痒症	二者均表现不安，瘙痒	牛皮肤瘙痒症病例无流行性，皮肤不形成瘤肿（皮肤隆起）

防治措施

（1）驱蝇防扰 每年 5~7 月，每隔半个月向牛体喷洒 1 次 1% 敌百虫溶液，防止皮蝇产卵。

（2）患部杀虫 经常检查牛背，发现皮下有成熟的肿块时，用针刺死其内的幼虫，或用手挤出幼虫，随即踩死，伤口涂以碘酊。除此以外，还可用药物杀虫。

1）皮蝇磷：不溶于水，制成丸剂，口服。剂量为每千克体重 100 毫克，一般成年牛 30~40 克，育成牛 20~25 克，犊牛 7~12 克。

2）敌百虫：用温水（20℃）配成 2% 溶液，在牛背穿孔处涂擦。每头牛用 300 毫升。涂擦前，应剪毛露出穿孔处。一般从 3 月中旬至 5 月底，每隔 30 天处理 1 次，共处理 2~3 次。

十五、牛蜱病

蜱是牛体表的一种寄生虫，俗称草爬子、八脚子、狗豆子，属于不完全变态节肢动物。它们寄生在牛的体表，吸取牛体血液，引起牛的贫血，同时分泌的神经毒素进入牛体内，引起牛的神经传导机能障碍，同时还能传播多种疾病。蜱是一些人兽共患病的传播媒介和贮存宿主。

硬蜱多生活在森林、灌木丛、开阔的牧场、草原、山地的泥土中等。软蜱多栖息于家畜的圈舍、野生动物的洞穴、鸟巢及房舍的缝隙中，繁殖能力强。

蜱是寄生于牛体表的一种吸血性寄生虫，直接侵害牛体，还是很多传染病及寄生虫病的传播媒介。

牛蜱的种类很多。分为硬蜱（图4-43）和软蜱（图4-44）。成虫体形似"蜘蛛"，呈椭圆形，未吸血时腹背扁平，背面稍隆起，体长2~10毫米；饱血后胀大如赤豆或蓖麻籽状，大者可长达30毫米。虫体分颚体和躯体两部分。

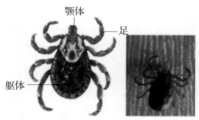

图4-43 全沟硬蜱

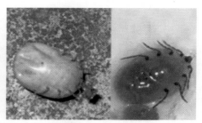

图4-44 软蜱

蜱的发育经过卵、幼虫、若虫和成虫4个阶段（图4-45）。卵一般在地面孵化出幼虫，幼虫有3对足，爬到适当的动物体上后即开始吸血，吸足血后蜕皮1次变为若虫，若虫再于动物体吸血，再蜕皮而变为成虫，成虫在畜体吸血交配后即落到地面产卵。

图4-45 蜱生活史图解

蜱侵袭牛体后，多趴在牛体毛短的部位叮咬，如嘴巴、眼皮、耳朵、前后肢内侧、阴门等处，影响牛采食。由于对皮肤机械性损伤造成的剧痒和创痛，可使牛骚扰不安，造成局部损伤、组织水肿、出血和皮肤肥厚。有的还可继发细菌感染引起化脓、肿胀和蜂窝组织炎等。另外，蜱在吸血的同时将毒素随唾液注入宿主体内，对宿主机体造成毒害。这种损伤和毒害在虫体大量、长期寄生时，可引起牛体质衰弱、贫血、发育不良及日趋消瘦。蜱也是牛各种血孢子虫病的传播者。此外，还能传播细菌性、病毒性疾病。

病名	与牛蜱病的相似点	与牛蜱病的不同点
牛虱病	二者均表现瘙痒，不安，擦痒	牛虱病例在额、耳根、颈部拨开被毛可见芝麻大小、黑色（或稍浅）的虱子

病名	与牛蜱病的相似点	与牛蜱病的不同点
牛感光过敏	二者均表现瘙痒，不安，擦痒，后躯麻痹	牛感光过敏病例无流行性，常在乳房、乳头、四肢、胸腹部、颌下、口周围发生疹块；阳光下瘙痒加重，晚上减轻，严重时形成脓疱、破溃、化脓、坏死、口炎、鼻炎、阴道炎
牛皮肤瘙痒症	二者均表现瘙痒，不安，擦痒	牛皮肤瘙痒症病例无流行性，皮肤上找不到蜱
牛皮肤荨麻疹	二者均表现瘙痒，不安，擦痒	皮肤荨麻疹病例皮肤有扁平疹块，没有蜱

防治措施

首先应了解当地蜱的活动规律及滋生场所，再根据这些情况采取相应措施。

（1）畜体上灭蜱 蜱虫体大，叮咬于畜体上不活动，如寄生在畜体上的蜱数量不多，可人工摘除，摘下的虫体集中烧掉。如寄生在畜体上的蜱数量多时，可喷洒 1% 敌百虫溶液以杀蜱。

（2）厩舍内灭蜱 有些蜱在非寄生时，藏身在畜舍的墙缝或饲槽裂缝内，这时可先向缝内喷入敌百虫，再用水泥或石灰堵塞裂缝。

（3）牧地上灭蜱 调查哪些草地、牧场是蜱类滋生场所，放牧时应避开这些牧地，将这些牧地翻耕、播种，在休闲季节烧荒，以杀死其中的蜱。

十六、牛螨虫病

螨虫病又称疥癣，俗称癞病，主要由疥螨和痒螨引起。以剧痒、湿疹性皮炎、脱毛和具有高度传播性为特征。

虫体及生活史

（1）疥螨 成虫呈龟形，背面隆起，腹面扁平，呈微黄白色。大小为（0.20~0.45）毫米 ×（0.14~0.39）毫米（图 4-46、图 4-47）。虫卵呈卵圆形、透明、暗白或微黄色，平均大小为 0.1 毫米 ×0.3 毫米。寄生于家畜的表皮，用咀嚼式的口器挖凿隧道，吸收角质层组织和渗出的淋巴液为食，并进行发育和繁殖。雌螨每 2~3 天产卵 1 次，一生可产 46~50 个卵。经 3~8 天孵出幼螨。离开隧道爬到皮肤表面，然后钻入皮内造成小穴。脱皮变为若螨。若螨有大小两型：小型的是雄螨的若虫，只有 1 期，约经 3 天蜕化为雄螨；大型的是雌螨的若虫，分为 2 期。雄螨在宿主的表皮上与雌螨交配，交配后的雄螨不久即死亡。雌螨寿命为 4~5 周。疥螨整个发育过程为 8~22 天。

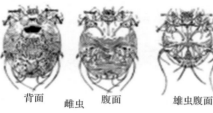

背面　　雌虫　腹面　　雄虫腹面

图 4-46　牛疥螨线条图

图 4-47　牛疥螨实物图

（2）**痒螨**　成虫呈长圆形，大小为（0.3~0.9）毫米 ×（0.2~0.52）毫米，透明的浅褐色角皮上具有稀疏的刚毛和细皱纹，肉眼可见（图 4-48、图 4-49）。卵为卵圆形、透明、灰白色，大小为 0.14 毫米 ×0.3 毫米，寄生于皮肤表面，以刺吸式口器吸取渗出物为食。雌螨在皮肤上产卵，然后经 3 天后孵化为幼螨。经 24~36 小时采食后进入静止期，蜕化为第一若螨。再采食 24 小时，经过静止期蜕化为雄螨或第二若螨（青春期）。48 小时后，第二若螨蜕皮变为雌螨。雌雄螨交配。雌螨采食 1~2 天后开始产卵，一生可产卵约 40 个，寿命约为 42 天。整个发育过程为 10~12 天。

临床症状　牛的疥螨和痒螨大多呈混合感染。初期多在头、颈部发生不规则丘疹样病变，病牛剧痒，使劲磨蹭患部，使患部落屑、脱毛，皮肤增厚，失去弹性（图 4-50）。鳞屑、污物、被毛和渗出物黏结在一起，形成痂垢。病变逐渐扩大，严重时，可蔓延至全身。有时病牛因消瘦和恶病质而死亡。

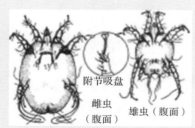

附节吸盘

雌虫
（腹面）　　雄虫（腹面）

图 4-48　牛痒螨线条图

图 4-49　牛痒螨实物图

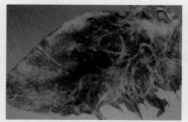

图 4-50　牦牛耳部的疥螨病变：皮肤粗、脱屑、脱毛

病名	与牛螨虫病的相似点	与牛螨虫病的不同点
牛湿疹（慢性）	二者均表现瘙痒，皮肤增厚，长毛处积皮屑，结节、水疱，易复发	牛湿疹病例病变部结痂即痊愈，病情春季加重，不表现消瘦，镜检无螨虫
牛虱病	二者均表现瘙痒，摩擦，不安	牛虱多寄生于额、耳根、颈肩、尾根，逆向拨毛可见有芝麻大小的黑色或色浅的虱爬动

1）牛舍要宽敞、干燥、透光，通风良好，经常清扫，定期消毒。经常注意牛群中有无瘙痒、掉毛现象，一旦发现病牛，及时隔离治疗。治愈的病牛应继续观察 20 天，如未再发，再一次用杀虫药处理后方可合群。

2）引进牛时，应隔离观察，确认无螨虫病后再并入牛群。

3）每年夏季应对牛进行药浴，是预防螨虫病的重要措施。饲养管理人员，要时刻注意消毒，以免通过手、衣服和用具散布病原。

治疗方法有局部涂擦和药浴疗法。前者适用于病牛少、气温低时应用；而后者适用于大群发病、温暖季节进行。

（1）涂药疗法　局部需剪毛清洗后反复涂药，以求彻底治愈。

1）敌百虫混合液：来苏尔 5 份，溶于温水 100 份中，再加入敌百虫 5 份即成，涂擦患部。

2）10% 辛硫磷乳剂，涂于患部。

（2）药浴疗法　可采用水泥药浴池或机械化药浴池，常用 0.05% 辛硫磷、0.05% 蝇毒磷。用药后要防止牛舔食，以免中毒。

十七、牛虱病

牛的虱子可分为两大类：一类是吸血的，有牛盲虱、水牛盲虱和牛细虱，另一类是不吸血的（它以食取牛体表的皮屑为生），有牛毛虱（图 4-51）。危害较重和流行较广的是前一类。

病牛

牛盲虱

水牛盲虱

牛毛虱

图 4-51　牛虱

现以其中的牛盲虱为例进行介绍。

虫体及生活史

牛虱虫体扁平，分头、胸、腹 3 部分，头部狭长，前有刺吸口器，脚部有 3 对足。虫体全长 2~3 毫米。成虫在牛体上吸血，交配后产卵，卵即黏附在牛毛上，经 12~15 天后，卵孵出幼虫，幼虫即在体表开始吸血，经 10~14 天变为成虫。虱的散播主要靠病牛和健康牛的直接接触。

临床症状

虱在吸血时，分泌唾液，使牛体局部发痒。由于擦痒的结果，又使被毛脱落和皮肤损伤。病牛不安，影响采食和休息，导致消瘦，犊牛发育不良。

类症鉴别

病名	与牛虱病的相似点	与牛虱病的不同点
牛皮肤瘙痒症	二者均表现皮肤瘙痒，在墙、桩、槽上擦痒，尾根毛蓬乱，食欲减退	无论何种原因引起的皮肤瘙痒症，贴近皮肤处无虱
牛感光过敏	二者均表现皮肤瘙痒，在墙、桩、槽上擦痒	牛感光过敏病例常在乳房、四肢、腹部、颌下、口四周发生疹块，贴皮肤检查无虱

防治措施

及时发现，及早治疗。对大群饲养时的病牛应进行隔离。治疗可用 0.5% 敌百虫溶液喷于牛体表面。但虱卵对药物的抵抗力较强，因此在第 1 次药物处理后，经过半个月应再进行 1 次。

第五章

牛中毒性疾病的鉴别诊断与防治

05

一、牛有机磷农药中毒

甲拌磷（3911）、对硫磷（1605）、内吸磷（1059）、乐果、敌百虫、马拉硫磷和乙硫磷等有机磷农药是农业上常用的杀虫剂，常引起牛中毒。

病因分析

主要是误食喷洒有机磷农药的蔬菜或庄稼，误饮被有机磷农药污染的饮水，误用配制农药的容器当作饲槽或水桶来喂饮牛，滥用农药驱虫或被人为投毒等。

临床症状

牛中毒症状较轻时，食欲不振，无力、流涎。牛中毒症状较重时，呼吸困难，兴奋不安，腹痛，肌肉震颤，眼球震颤，瞳孔缩小。严重中毒时，食欲和反刍停止，粪便稀，呈水样，唾液、鼻液、汗液等分泌增加，结膜发绀，磨牙，肌肉痉挛，卧地不起（图5-1），心跳加快，气喘，甚至呼吸麻痹而死亡。

图 5-1 中毒牛肌肉痉挛，卧地不起

胃肠黏膜充血，胃内容物有大蒜臭味。若病程稍久，所有黏膜呈暗紫色，内脏器官出血；肝脏、脾脏肿大，肺水肿，支气管内有大量泡沫。

病名	与牛有机磷农药中毒的相似点	与牛有机磷农药中毒的不同点
牛有机氯农药中毒	二者均表现食欲废绝，呼吸困难，流涎，口流白沫，眼结膜充血，肌肉震颤，运步不稳，兴奋不安	牛有机氯农药中毒病例因采食或应用有机氯农药后发病，体温升高至 40~41℃，眼睑、面部肌肉抽搐，颈部肌肉强直性痉挛，前后肢痉挛，且反复发作；严重病例，还出现呕吐、全身发抖、角弓反张等症状
牛癫痫	二者均表现眼球、肌肉震颤，卧地时四蹄乱蹬	牛癫痫病例没有与农药接触史，口流白沫，不流涎，不出现呼吸困难，当病发作几分钟或十几分钟，即恢复正常状态
牛食盐中毒	二者均表现精神委顿，肌肉震颤，磨牙，卧地乱蹬腿	牛食盐中毒病例曾过量采食食盐、腌菜水或过量应用氯化钠，表现烦渴，尿少或无尿，瞳孔放大

加强对有机磷农药的保管、贮藏。内服、外用药要合理，杀虫要掌握药的用量、用法。严禁到喷洒过农药的田间、地头放牧，在喷过农药的田地设立标志，在 7 天内不准食用其内杂草。有机磷农药厂的废水要经过处理，防止牛误饮中毒。

中毒后立即应用特效解毒剂。如用解磷定，其用量用法为每千克体重 15~30 毫克，以生理盐水配成 2.5%~5% 溶液，缓慢静脉注射，以后每隔 2~3 小时注射 1 次，剂量减半，根据症状缓解情况，可在 48 小时内重复注射。或用硫酸阿托品，每千克体重 0.25 毫克，皮下或肌内注射，中毒严重的可用其 1/3 量混于糖盐水内缓慢静脉注射，2/3 量皮下或肌内注射，经 1 小时后症状不见减轻时，可减量重复应用，直到出现口腔干燥、停止出汗、瞳孔散大、心跳加快为止。以后再每隔 3~4 小时减量注射 1 次，直到痊愈为止。

在应用特效解毒剂时，最好是解磷定与阿托品合用。

为除去尚未吸收的毒物，经皮肤沾染中毒的，可用 5% 石灰水、5% 氢氧化钠液或肥皂水洗刷皮肤；经消化道中毒的，可用 20%~30% 碳酸氢钠液或食盐水洗胃，并灌服活性炭。但必须注意，敌百虫中毒，不能用碱水洗胃或洗刷皮肤，因为敌百虫在碱性环境下可转变成毒性更强的敌敌畏。

解毒的同时，根据病情进行对症治疗。

二、牛氟中毒

有机氟化物是广泛使用的农药之一，如氟乙酸钠、氟乙酰胺，由于具有合成简单、价格便宜、无色无味等特点，因此在有些地方还在用于杀鼠和杀虫。牛常因误食毒饵或被氟污染的牧草或饲料而中毒。

病因分析

氟中毒分急性和慢性2种，急性氟中毒多因吸入含氟气体，误食有机氟农药（如氟乙酰胺）等所致。慢性氟中毒多因长期饮用含氟量高的水，长期饲喂沾染无机氟的牧草或混有无机氟的矿物质饲料添加剂所致，主要见于土壤含氟高的地区，或工厂（炼铝厂、磷肥厂、陶瓷厂）附近。

临床症状

（1）**急性型**　病牛死前无明显的前驱症状，中毒后9~18小时，突然倒地并剧烈抽搐、惊厥或角弓反张，肌肉震颤，瞳孔散大，感觉敏感，而后迅速死亡。

（2）**慢性型**　病牛生长缓慢，仅表现食欲减退，不反刍，不合群，靠墙站立或卧地不起，有的可逐渐康复，有的则在卧地后不久即死亡。严重病例骨骼变形，牙齿失去光泽，呈黄褐色、黄色或黄白色（图5-2）。颌骨、掌骨、跖骨变粗，出现骨瘤（骨疣），肋骨上有不规则膨大（图5-3）。

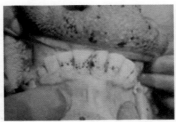

图5-2　中毒牛氟斑牙，切齿表面的黄褐色氟斑

图5-3　中毒牛骨疣形成（右肋骨见明显内疣形成，向外凸出）

病理变化

剖检可见心肌变性、心内膜有出血斑，脑软膜充血、出血，肝脏、肾脏瘀血、肿大，胃肠有卡他性炎症。

病名	与牛氟中毒的相似点	与牛氟中毒的不同点
牛有机磷农药中毒	二者均表现肌肉震颤，站立不稳，流涎，呻吟，空嚼，体温不高	牛有机磷农药中毒病例有接触或采食有机磷农药或用农药涂身灭虫的病史；瞳孔缩小，眼球凸出、震颤，呼出气及胃内容物有韭菜、胡椒气味
牛有机氯农药中毒	二者均表现肌肉痉挛，空嚼磨牙，步态不稳，角弓反张，口周围有泡沫，呻吟	牛有机氯农药中毒病例有接触或采食、饮用有机氯农药污染的饲料或饮水的病史；眼睑、面、颈、四肢痉挛，而且反复发生，并有兴奋狂暴动作，眼球震颤，头顶墙、槽，体温也较高（40~41℃）

预防措施

　　禁用被有机氟污染的饲草和饮水喂牛；被该药喷洒过的饲草，必须在收割后贮存60天以上，使其残毒消失后才可用来喂牛。放牧要远离高氟地区。

治疗方法

　　（1）**急性氟中毒**　应立即采取解毒措施，用乙酰胺每天每千克体重0.1克，肌肉注射，首次用量为每天用药量的一半，每天注射3~4次，至病牛的抽搐现象消退为止。也可用白酒250~400毫升1次灌服，或用96%无水酒精100毫升、10%葡萄糖注射液500毫升，混合后静脉注射。同时进行对症治疗，对有呼吸困难症状者，可给予25%尼可刹米8~10毫升，肌内注射。

　　（2）**慢性氟中毒**　在查明原因的基础上，杜绝毒源，加强饲养，补充钙质。

三、牛尿素中毒

病因分析

　　牛在饲养中误食了尿素，或饲料中添加量过多，均可引起尿素中毒。

临床症状

　　牛采食尿素后，一般30分钟左右发病，病牛表现站立不安，痛苦呻吟，肌肉震颤，走路时摇摆，步态不稳。继而反复痉挛，呼吸非常困难，心跳亢进，从口鼻流出含有泡沫的液体。随着病情的加重，后期病牛则全身出汗，瞳孔散大，肛门松弛，很快死亡（图5-4）。

图 5-4　中毒牛全身出汗，瞳孔散大，肛门松弛，快速死亡

病理变化 尸体迅速变暗。消化道受到严重损害；可见胃肠黏膜充血、出血、糜烂，甚至有溃疡形成。胃肠内容物为白色或红褐色，带有氨味。瘤胃内容物干燥，与生前瘤胃液体过多呈鲜明对比。心外膜有小出血点，内脏有严重出血，肾脏发炎且有出血。

类症鉴别

病名	与牛尿素中毒的相似点	与牛尿素中毒的不同点
牛有机磷农药中毒	二者均表现肌肉震颤，站立不稳，步态蹒跚，呼吸困难，流涎，绝食，呻吟，心跳加快	牛有机磷农药中毒病例因采食或饮用有机磷农药污染的饲料或饮水，或喷洒畜体灭虱而发病。眼球震眼、突出，瞳孔缩小，拉稀，胃内容物和呼出气有大蒜、韭菜、胡椒气味，体温不高
牛氟乙酰胺中毒	二者均表现精神沉郁，阵发性痉挛，心跳加快，知觉过敏，呻吟，绝食，步态不稳	牛氟乙酰胺中毒病例因采食氟乙酰胺污染的饲料和饮水而发病，并未接触尿素，瞳孔散大，痉挛常持续9~18小时，突然倒地狂叫，角弓反张，四肢痉挛、划动，衰竭死亡
牛马铃薯中毒	二者均表现精神沉郁，步态不稳，全身疼痛，瞳孔散大	牛马铃薯中毒病例因采食腐败、发芽的马铃薯及其茎叶而发病。病初狂躁直冲，继而后躯无力甚至麻痹，轻度中毒口腔黏膜肿胀流涎，有时腹泻带血，牛还在口周围、肛门、尾根、四肢系部发生湿疹或水疱疹皮炎

治疗方法

1）口服食醋或稀醋酸，1%醋酸1升、糖500克、水1升，1次灌服。或食醋300毫升，加水1升，1次灌服。

2）静脉注射10%硫代硫酸钠100毫升解毒。

3）静脉注射安钠咖30毫升、25%葡萄糖1000毫升、生理盐水500毫升、氯化钙200毫升。

四、牛亚硝酸盐中毒

牛亚硝酸盐中毒，是由于饲料富含硝酸盐，在饲喂前的调制中或采食后的瘤胃内产生大量的亚硝酸盐，造成高铁血红蛋白血症，导致组织缺氧而引起中毒。

病因分析 富含硝酸盐的饲料，有甜菜、萝卜、马铃薯、白菜、油菜、牧草、野菜、作物秧苗等。硝酸盐还原菌广泛存在于自然界和牛的瘤胃内。一般温度在20~40℃时该菌生长繁殖活跃。因此，当上述富含硝酸盐的饲料经日晒雨淋或堆垛存放而腐烂发热时，以及用温水浸泡、残热久放时，会产生大量的亚硝酸盐，牛食用了这种饲料后可引起中毒。

临床症状

（1）**急性中毒** 病牛表现沉郁，流涎，呕吐，腹痛，腹泻，脱水，可视黏膜发绀，体温正常或低下，呼吸困难，心跳加快，肌肉震颤，步态不稳；很快卧地不起，四肢划动，全身痉挛，挣扎而死（图5-5）。有些病例突然死亡，无任何症状。

（2）**慢性中毒** 病牛表现为前胃弛缓，腹泻，跛行，抵抗力降低，甲状腺肿大。母牛流产或分娩无力，受胎率低。

图5-5 中毒牛精神沉郁，流涎，腹痛，腹泻，呼吸困难，心跳加快，肌肉震颤，步态不稳，卧地不起

病理变化

血液呈暗褐色或酱油色，血凝不良。胃肠黏膜充血、出血，易于脱落。肺水肿，心内、外膜有出血点，肝脏肿大。

类症鉴别

病名	与牛亚硝酸盐中毒的相似点	与牛亚硝酸盐中毒的不同点
牛氢氰酸中毒	二者均表现突然发病，站立不稳，流涎，腹痛，呼吸困难，结膜发绀，精神沉郁，全身无力，卧地不起，体温正常或低下	牛氢氰酸中毒病例因大量采食富含氰苷类植物，如高粱幼苗、玉米幼苗、豌豆、蚕豆等植物而中毒；呼出气体有杏仁味，可视黏膜潮红，血液先鲜红后暗红
牛急性氟中毒	二者均表现食欲废绝，反刍停止，流涎，腹痛，呼吸困难，肌肉震颤	牛急性氟中毒多发生于土壤中含氟高的地区，或某些工厂（炼铝厂、磷肥厂、陶瓷厂）附近，或长期饲喂被氟污染的牧草、饲料和添加剂，以及吸入含氟气体，临床上表现为感觉过敏
牛炭疽	二者均表现突然发病，呼吸困难，腹痛，肌肉震颤，死后血液呈黑红色，凝固不良	牛炭疽的病原为炭疽杆菌；病牛体温升高（40~42℃），濒死时天然孔出血；亚急性病例，常在颈、胸、腰、直肠和外阴部发生水肿，局部温度升高，颈部水肿可波及咽喉，加重呼吸困难

预防措施

不喂腐烂的白菜、甜菜等富含硝酸盐的饲料。这些饲料堆放及喂前处理时，不能久热浸焖。

治疗方法

发现中毒后，立即灌以特效解毒药。

1）静脉注射1%亚甲蓝，每千克体重0.1毫升。

2）洗胃，排除瘤胃内亚硝酸盐，然后向瘤胃内注入抗生素，防止细菌对硝酸盐的还原作用。

3）强心补液，安钠咖 30 毫升、10% 葡萄糖 1500 毫升、复方氯化钠 1000 毫升、维生素 C 50 毫升，静脉注射。

4）如果治疗脑水肿，则静脉注射甘露醇或山梨醇 500 毫升。1% 亚甲蓝每千克体重 0.2 毫升，静脉注射，必要时可重复应用 1 次。如果没有亚甲蓝，用 5% 抗坏血酸注射液，用量为 60~100 毫升，肌内注射或静脉注射。在用上述特效药的同时，用 0.1% 高锰酸钾洗胃或灌服，并静脉注射葡萄糖注射液。

五、牛棉籽饼中毒

病因分析

棉籽饼是常用的蛋白质饲料，但所含棉酚有毒，如果脱毒不当，长期饲喂会引起中毒（图 5-6、图 5-7）。

图 5-6　棉籽　　　　　　　图 5-7　棉籽饼

临床症状

牛中毒后，会出现精神沉郁，食欲减退，瘤胃蠕动音减弱，反刍减少，肠音亢进，腹泻，粪便中含有血液或黏液。体温正常，但呼吸加快，脉搏增数。排尿疼痛，含有血液，或血红蛋白尿。下颌、胸下和四肢出现浮肿。后期，则出现失明，虚弱，衰竭死亡。

病理变化

剖检可见胸腹腔、心包积液，肝脏肿大、质脆、呈土黄色，有带状出血。肺充血、水肿。胃肠黏膜出血。心肌松软，心内、外膜有出血点。肾盂水肿、有点状出血，膀胱充血、有出血点。

病名	与牛棉籽饼中毒的相似点	与牛棉籽饼中毒的不同点
牛马铃薯中毒	二者均表现吃草、反刍减少或废绝，便秘，有时腹泻	牛马铃薯中毒病例因采食发芽或腐烂、暴晒的马铃薯或其茎叶而发病；口腔黏膜肿胀流涎，口周围、肛门、四肢系部、乳房发生湿疹或水疱性皮炎
牛前胃弛缓	二者均表现吃草、反刍减少或废绝，瘤胃蠕动减弱，粪有时干有时稀，磨牙	牛前胃弛缓病例没有大量或长期饲喂棉籽饼的经历；瘤胃积食程度较轻，不太硬，多呈捏粉样或柔软，不出现干眼、眼盲

防治措施

1）用棉籽饼时不能过量，采用脱酚的棉籽饼。

2）用 0.1% 高锰酸钾或 5% 碳酸氢钠反复洗胃。

3）注射氯化氨甲酰甲胆碱或新斯的明，促进胃肠排空。

4）保肝解毒，20% 安钠咖 30 毫升、50% 葡萄糖 500 毫升、10% 氯化钙 100 毫升，1 次静脉注射，每天 1 次，连用 3~5 天。

六、牛马铃薯中毒

病因分析

马铃薯中含有毒素，也称龙葵素，一般正常的马铃薯很少，如果发芽（图 5-8）、霉变，可引起中毒。

临床症状

轻度中毒时，病牛食欲减退或废绝，口腔黏膜肿胀，流涎，呕吐，便秘，有的则出现腹泻，并且带有血液。体温升高，妊娠的奶牛会出现流产。在口唇周围、肛门、阴道、乳房、四肢等处，会出现湿疹或水疱性皮炎。

图 5-8 发芽的马铃薯

严重中毒时，病牛兴奋不安，向前冲撞，然后出现沉郁，后躯无力，步态不稳，甚至四肢麻痹，黏膜发绀，呼吸无力，瞳孔散大，衰竭死亡。

病理变化

黏膜苍白，血液暗黑，凝固不良，瘤胃有马铃薯残渣或茎叶，胃肠黏膜出血性炎，实质器官出血，肝脏肿大、瘀血。

病名	与牛马铃薯中毒的相似点	与牛马铃薯中毒的不同点
牛脑膜脑炎	二者均表现兴奋时狂躁，向前猛冲直撞，继而沉郁，瞳孔散大	牛脑膜脑炎病例体温病初即高，不出现后躯无力、麻痹，也不因吃马铃薯发病，口唇周围、肛门、尾根没有湿疹或水疱性皮炎
牛亚硝酸盐中毒	二者均表现流涎，腹痛，腹泻，四肢无力，步态不稳，全身痉挛	牛亚硝酸盐中毒病例因吃鲜嫩堆积腐热、日晒雨淋的青草而发病，常在吃后 1~5 小时即出现症状；体温偏低，呼吸困难，脉搏较细弱，心跳每分钟高达 120~140 次，血液呈黑红色如酱油

1）禁止用霉变、发芽的马铃薯喂牛。

2）用 0.1% 高锰酸钾洗胃。

3）灌服食醋 500 毫升，或硫酸镁 300 克，导服。

4）如果病牛兴奋不安，可肌内注射盐酸氯丙嗪。

5）如果病牛有胃肠炎，则灌服活性炭 100 克、磺胺脒 20 克。

6）病牛出现衰竭时，则强心补液，安钠咖 30 毫升、10% 葡萄糖 1500 毫升、复方氯化钠 1000 毫升、20% 维生素 C 50 毫升，1 次静脉注射。

七、牛食盐中毒

食盐中毒是由于采食的食盐超过正常量，并且饮水不足而造成中毒。

病牛体温正常，精神沉郁，步态不稳，肌肉震颤，流涎、呈白沫状，面部痉挛明显，眼结膜潮红，瞳孔散大，有时无目的地乱跑乱撞，卧地时四肢划动（图 5-9）。出现腹泻、腹痛。口渴，大量饮水，严重时失明，流产。

图 5-9　患病牛眼结膜潮红，流涎

胃肠黏膜潮湿、肿胀、出血，重者黏膜脱落，肠道内有稀软带血的粪便，呈暗红色，严重时可发展成纤维蛋白膜性肠炎，皮下呈现水肿，心包积液，肺充血、水肿，膀胱黏膜发红。

病名	与牛食盐中毒的相似点	与牛食盐中毒的不同点
牛自体中毒（肠阻塞、肠卡他继发症）	二者均表现口角、上下唇抽搐，点头，磨牙，眼结膜潮红，口干	牛自体中毒病例多发生于肠阻塞、肠卡他病程中；眼结膜苍白、有时呈树枝状充血，便秘与腹泻交替出现
牛铅中毒（急性）	二者均表现步态不稳，头颈部肌肉震颤，磨牙，瞳孔散大，视力障碍，转圈	牛铅中毒病例因吃铅化物或被含铅废气污染的饲料而发病（一般在食后12~24小时发病）；狂躁爬槽，哞叫，惊厥而死
牛低镁血症	二者均表现全身痉挛，牙关紧闭，磨牙，卧地四肢做游泳状	牛低镁血症病例因吃了夏季雨后青草或元素不平衡的饲料而发病；尾肌、后肢强直性痉挛，对触诊和声音过敏，哞叫，盲目性奔跑，尿频

防治
措施

1）注意饲养管理，饲喂食盐不能过量。

2）强心补液，10%安钠咖30毫升、5%葡萄糖3000毫升、维生素C 30毫升。

3）静脉注射10%葡萄糖酸钙400毫升。

4）洗胃，将多余的食盐导出。

5）如果出现脑水肿，可静脉注射甘露醇或山梨醇1000毫升。

八、牛氢氰酸中毒

病因
分析

　　高粱幼苗、玉米幼苗、木薯、亚麻、豌豆、蚕豆、三叶草等植物，含有较多的氢氰酸的衍生物氰甙配糖体，牛如果大量采食，即可引起中毒。另外，牛误食了被氰化物污染的饲料或饮水，也可引起中毒。

临床
症状

　　牛采食后很快发病，20分钟左右，病牛腹痛不安，站立不稳，痛苦呻吟，流涎、呈白色泡沫，呕吐，呼吸困难，呼吸浅表，呼出的气体有苦杏仁味，黏膜潮红，肌肉震颤、痉挛，出汗。后期则出现精神沉郁，虚弱，卧地不起，结膜发绀，瞳孔散大，昏迷，最后窒息死亡。

病理
变化

　　病死牛尸体不易腐败，切开时可见血色鲜红，凝固不良。口腔内有血色泡沫，胃肠黏膜充血、出血，气管、支气管及喉头的黏膜有出血点，肺充血或出血。

	病名	与牛氢氰酸中毒的相似点	与牛氢氰酸中毒的不同点
类症鉴别	牛亚硝酸盐中毒	二者均表现采食后很快发病（1~5小时），体温偏低，流涎，后躯麻痹	牛亚硝酸盐中毒病例因吃堆积青绿饲料而发病；全身发绀，血液如酱油，利用二苯胺可测出亚硝酸盐
	牛毒芹中毒	二者均表现采食后发病快（2~3小时），兴奋不安，流涎，食欲、反刍停止，瘤胃臌胀，痉挛，瞳孔散大	牛毒芹中毒病例因吃毒芹而发病；从头颈到全身阵发性强直痉挛，口、鼻流血或血样泡沫样液体，胃内容物有毒芹碱

防治措施

1）禁止饲喂幼苗。

2）先灌服硫代硫酸钠 30 克或用 0.1% 高锰酸钾洗胃。

3）静脉注射 1% 亚硝酸钠，每千克体重 1 毫升，然后静脉注射 10% 硫代硫酸钠，每千克体重 1 毫升。

4）强心补液，安钠咖 30 毫升、10% 葡萄糖 1500 毫升、生理盐水 1500 毫升、20% 维生素 C 50 毫升。

九、牛酒糟中毒

病因分析

酒糟（图 5-10）作为饲料已广泛用于牛的饲养，但长期饲喂酒糟或突然增加饲喂量或饲喂霉变酒糟会引起中毒。

临床症状

一般急性中毒时，病牛会表现兴奋不安，食欲减退或废绝，急性肠炎，粪便稀薄或呈水样，体温升高，呼吸加快，步态不稳，严重时出现四肢麻痹，甚至死

图 5-10　酒糟

亡。慢性中毒时，病牛主要表现消化不良，可视黏膜潮红、黄染，有时伴发血尿，后肢出现皮炎、肿胀，破溃后容易感染化脓，出现跛行。

	病名	与牛酒糟中毒的相似点	与牛酒糟中毒的不同点
类症鉴别	牛湿疹	二者均表现四肢屈曲部（系部、腕后、跗前）发生湿疹，水疱破裂，形成溃疡面	牛湿疹病例不因饲喂酒糟而发病，没有前胃弛缓和流涎、下痢等症状

（续）

病名	与牛酒槽中毒的相似点	与牛酒槽中毒的不同点
牛锌缺乏症	二者均表现皮肤发生湿疹样病变，多发生在四肢下部	牛锌缺乏症病例不因饲喂酒槽而发病；眼、口周围及阴囊也发生湿疹样病变，皮肤瘙痒、脱毛，长骨变短、变粗，形成短粗骨症，创口愈合缓慢

防治措施

1）注意保存酒糟，防止霉变。

2）长期饲喂时，注意其他饲料的搭配。

3）对成年牛用5%碳酸氢钠洗胃，然后1次灌服液状石蜡500毫升、活性炭50毫克、硫酸镁300克、温水1000毫升，以促进毒素排出和保护胃肠黏膜。

4）强心补液，安钠咖30毫升、10%葡萄糖1500毫升、5%碳酸氢钠500毫升、生理盐水200毫升、青霉素800万国际单位、链霉素400万国际单位，1次静脉注射。

十、牛黑斑病甘薯中毒

病因分析

黑斑病甘薯（图5-11）会产生甘薯酮、甘薯醇、甘薯宁等毒素，牛采食后会发生呼吸困难和急性肺部水肿、气肿等。

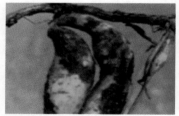

图5-11　黑斑病甘薯

临床症状

牛采食黑斑病甘薯后中毒，精神委顿，呼吸困难，严重气喘，呼吸增数，可达100次/分钟，体温正常，肺部听诊呼吸音粗，头颈伸直，张口呼吸，并发出吭吭声。反刍停止，食欲废绝，排尿次数增多，粪便干硬，带有黏液和血液。少数病牛发病不久，则在颈部、肩部和背肋部出现皮下气肿，触诊有捻发音。严重病例，耳、鼻发凉，舌色暗红，四肢肌肉颤动，尤其是肘后肌肉颤动剧烈，会出现窒息死亡。

病理变化

肺膨大、充血、瘀血，间质气肿，切面流大量泡沫，气管含有泡沫，肠系膜淋巴结肿大。胸腔有大量黄色液体。心包瘀血，肝脏、肾脏、胆囊、小肠、直肠出血。

病名	与牛黑斑病甘薯中毒的相似点	与牛黑斑病甘薯中毒的不同点
牛低镁血症	二者均表现精神委顿，呼吸困难，尿频，肌肉颤动	牛低镁血症病例因吃了夏季雨后青草或元素不平衡的饲料而发病；全身痉挛，牙关紧闭，磨牙，卧地四肢做游泳状，对触诊和声音过敏，哞叫，盲目性奔跑
牛亚硝酸盐中毒	二者均表现采食后很快发病，精神委顿，呼吸困难，食欲减退，反刍停止，体温不高，流涎	牛亚硝酸盐中毒病例因吃堆积青绿饲料而发病；全身发绀，血液如酱油，利用二苯胺可测出亚硝酸盐
牛瘤胃积食	二者均表现吃草、反刍废绝，瘤胃饱满，腹围大，呼吸增数	牛瘤胃积食病例拱背，不断努责，回顾腹部，后蹄踢腹，磨牙，摇尾，站立不安，时预卧地，但卧地短暂又复站立，一般取右侧横卧；瘤胃蠕动微弱或完全停止，通过直肠按压瘤胃内容物时，多为坚实沙袋样

防治
措施

1）停止饲喂黑斑病甘薯，对病牛用 0.1% 高锰酸钾洗胃。

2）灌服活性炭 100 克、硫酸镁 300 克和液状石蜡 500 毫升，加水 1000 毫升 1 次灌服，以吸附和排出毒素。

3）10% 硫代硫酸钠 200 毫升、维生素 C 50 毫升静脉注射，缓解呼吸困难。

4）严重呼吸困难时可输氧或用 3% 双氧水（过氧化氢）100 毫升加到 500 毫升糖盐水中缓慢静脉注射。

5）静脉注射 10% 安钠咖 30 毫升、50% 葡萄糖 500 毫升，缓解肺水肿。

十一、牛黄曲霉毒素中毒

病因
分析

黄曲霉毒素是黄曲霉的一种代谢产物，目前已发现有 20 多种毒素及其衍生物，其中以 B1、B2、G1、G2 毒性最强，牛主要是采食了感染黄曲霉的饲料而发病，如花生、玉米、黄豆等（图 5-12）。

图 5-12　发霉的玉米和花生粕

临床
症状

一般呈慢性经过，长期厌食，消瘦，磨牙，精神差，间歇性腹泻，并且有腹水，泌乳量降低，妊娠母牛出现流产。个别牛出现神经症状，昏迷死亡。犊牛则出现角膜混浊，腹水，发育缓慢。

剖检特征性的病变是霉菌结节病灶，病变常发生于呼吸系统，肺有霉菌病灶，质地坚硬，呈黄色或灰白色，切面有分层结构，中心为干酪样坏死组织。在心脏、肝脏、肾脏、腹膜及肠管浆膜上也有霉菌结节病灶。肝脏肿大、色浅、有出血斑点。

病名	与牛黄曲霉毒素中毒的相似点	与牛黄曲霉毒素中毒的不同点
牛前胃弛缓	二者均表现精神委顿，食欲减退或废绝，瘤胃蠕动音弱且次数减少，磨牙，呈现间歇性腹泻，粪便中混有血液、黏液	牛前胃弛缓因长期饲喂粗硬、劣质、难以消化的饲料，饲喂品质不良的饲料或突然变换草料而引起；多数慢性病例食欲时好时坏，有的发生异食癖、舔食砖、啃土或采食污物，反刍无规律、间断无力或停止，瘤胃臌胀，其蠕动减弱或消失
牛球虫病	二者均表现消瘦、腹泻、里急后重	牛球虫病的病原为球虫，具有流行性，以2岁以内的犊牛和育成牛患病严重，病死率高，成年牛一般是带虫者；病牛发病时体温不高，约1周后，精神萎靡，喜躺卧，体温升高到40~41℃，排出带血的稀粪，病后期粪便呈黑色、恶臭

1）停止饲喂被感染的饲料。

2）用温水洗胃或用硫酸镁200克、液状石蜡1000毫升，加水2000毫升1次导服。

3）静脉注射安钠咖30毫升、10%葡萄糖1000毫升、20%维生素C 50毫升、10%葡萄糖酸钙100毫升，每天1次，连用3~5天。

第六章

牛营养代谢病的鉴别诊断与防治

06

一、牛维生素 A 缺乏症

病因分析　　维生素 A 是牛必需的维生素，又称为视黄醇，其主要功能是维持视觉和骨形成机能，并且促进生长发育。如果饲料中缺乏胡萝卜素或由于牛胃肠道机能紊乱，会影响维生素 A 的吸收，以及一些母牛在妊娠后期，也往往出现维生素 A 缺乏，犊牛在代乳粉的喂养中，容易使维生素 A 遭到破坏，造成维生素 A 缺乏。

临床症状　　眼干燥症和夜盲症是维生素 A 缺乏的特征之一，患眼干燥症时，会出现角膜干燥，畏光流泪，瞳孔散大或眼球凸出，有时会继发角膜炎和失明。患夜盲症时，牛在黑暗的地方会看不清，呈现走路不稳，乱撞（图 6-1）。

成年母牛缺乏维生素 A 时，会出现受胎率降低，胎衣不下、流产、死胎等疾病，或造成骨质疏松、变形等疾病。在饲养中还会出现食欲减退，异食癖，消瘦体弱，被毛粗乱，犊牛主要表现为发育迟缓。

图6-1　犊牛走路不稳，患夜盲症

类症鉴别	病名	与牛维生素 A 缺乏症的相似点	与牛维生素 A 缺乏症的不同点
	牛青光眼	二者均表现盲目行走，不避障碍物，易跌进水坑	牛青光眼病例瞳孔散大，白天也看不清障碍物，眼球凸出，按压坚实
	犊牛先天性脑室水肿	二者均表现几步之内不能看到障碍物，盲目行走	犊牛先天性脑室水肿病例额凸出，眼眶小，眼球凸出，在阵发痉挛前，收拢四肢，发抖，继而呈犬坐姿势，又突然起立向前冲，再倒地抽搐，白天也看不清障碍物

防治措施

1）犊牛在饲喂代乳粉时应添加鱼肝油制剂或维生素 A 添加剂。

2）成年母牛应多饲喂含胡萝卜素丰富的草料。

3）发病后可注射或口服维生素 A 制剂。

二、犊牛佝偻病

病因分析

本病是生长期中的犊牛由于维生素 D 缺乏而引起软骨内骨化障碍所致的骨营养不良，成骨细胞钙化不足，持久性软骨肥大及骨骺增大。快速生长的犊牛在原发性磷缺乏及舍饲中光照不足时最易发生，刚刚断奶不久的犊牛对维生素 D 缺乏的反应特别敏感，所以其发病率最高。

临床症状

犊牛表现异食癖，消化机能紊乱，跛行，喜卧地，不愿起立和运动。体温正常，但可有腹泻，稍稍运动后就发生呼吸困难。站立时两前肢腕关节向外侧方凸出，使两前腿呈内弧形弯曲，两后肢附关节向侧方内收（图6-2），使两后腿呈"八"字形叉开。肋骨的胸骨端肿大如串珠状，胸廓扁平，甚至影响呼吸。脊柱变形，多数是呈上凸的拱背姿势。四肢各关节肿大（图6-3），特别腕关节和肘关节更明显，走路困难。病重的牛不小心倒地或挣扎，可发生滑骨韧带附着点剥脱。

图6-2　前肢呈内弧形弯曲，后肢跗关节向侧方内收

图6-3　四肢关节明显肿大

病名	与犊牛佝偻病的相似点	与犊牛佝偻病的不同点
犊牛先天性屈腱挛缩	二者均表现初生犊牛运步缓慢、艰难，步态不稳等	犊牛先天性屈腱挛缩病例球关节及冠关节屈曲不能伸展，蹄尖着地
犊牛风湿症	二者均表现运步艰难，好卧	犊牛风湿症病例站立时不出现肢体弯曲变形，在运动之初强拘、跛行，持续运动强拘、跛行逐渐减轻或消失，休息后再运动又强拘、跛行
犊牛脓毒败血症	二者均表现运步不正常，显跛行	犊牛脓毒败血症病例体温升高（40~41℃），关节肿大，有热痛；关节液镜检有链球菌
犊牛碘缺乏症	二者均表现精神不活泼，腕关节弯曲，四肢骨骼变形	犊牛碘缺乏症病例站立困难，甚至腕关节着地，皮肤干燥、增厚、粗糙，甲状腺肿大
犊牛锰缺乏症	二者均表现腕关节弯曲，运动障碍	犊牛锰缺乏症病例骨骼变形，前肢粗短弯曲，关节麻痹，肌肉震颤乃至痉挛收缩，哞叫
犊牛慢性变形性跗关节炎及骨关节炎	二者均表现开始运动时跛行较重，随着运动继续跛行减轻或消失，经休息后再运动又显跛行	犊牛慢性变形性跗关节炎及骨关节炎病例多在跗关节内侧有骨赘，站立时关节屈曲，蹄尖着地，运动关节屈曲不全
犊牛关节周围炎	二者均表现运动之初跛行显著，持续运动跛行减轻或消失，休息后再运动又显跛行	犊牛关节周围炎病例关节肿胀，急性时有热痛，慢性时无热、无痛（或微痛），转动关节时疼痛，活动范围小，站立时蹄尖着地

对妊娠和分娩母牛，要保证有足够的青干草和充足的日光照射。犊牛断奶以后，需有足够的青干草，并经常晒太阳。补充饲料要用豆科及禾本科种子、骨粉等。治疗主要依靠应用维生素 D，如骨化醇（维生素 D_2），每天 5 万 ~10 万国际单位，口服；或 200 万 ~400 万国际单位，皮下或肌内注射，隔天 1 次，3~5 次为 1 个疗程。最好用维 D 胶性钙，剂量为 5~10 毫升，每天或隔天皮下或肌内注射 1 次，3~5 次为 1 个疗程，必要时连续用 2~3 个疗程。

三、牛骨软病

本病是成年牛骨骼中成骨细胞充分钙化后，由于磷缺乏所导致的骨营养不良，破骨细胞增多，骨细胞脱钙并由未钙化的成骨细胞所代替。本病多见于高产奶牛，黄牛也有发生，水牛不常见。

本病的发生，主要由于日粮中钙、磷缺乏或钙、磷比例不平衡。成年母牛通常按每 500 千克体重每天给予磷和钙各 11 克，能足够维持其钙、磷需要量（占日粮的 0.12%~0.15%）。产乳母牛，每产 1 千克乳，每天供给磷 1.5 克及钙 2.2 克，能维持健康与妊娠的需要量。如果磷摄入量充足，则钙与磷比例应为（1∶1）~（2∶1）。但决不应超过 4∶1，否则将引发骨软病。至于黄牛，饲料日粮的钙、磷比例需维持在（2∶1）~（2.5∶1），否则将引发骨软病。

临床症状

病牛初期有舔食癖（泥土、污草、石子等），这是发病的预兆。随后由明显的消化机能紊乱而发展到运动跛行，病牛走路摇摆无力，弓背，站立时四肢屈曲，或经常喜卧地上而不愿站立（图 6-4）。骨组织脱钙是重要特征，高产奶牛第一二尾椎骨逐渐变小而软，直至椎体消失。切齿和角根松动。在发病后期，可继发瘤胃臌气和积食、胃肠炎、骨折（肱骨多见，也见于股骨头及跟骨的腱剥脱）。发生关节扭伤及褥疮等，病牛食欲很差，消瘦，贫血。在奶牛群中，腐蹄病的发病率增加。

图 6-4 病牛不愿站立

类症鉴别

病名	与牛骨软病的相似点	与牛骨软病的不同点
牛风湿症	二者均表现运步强拘，跛行，好卧	牛风湿症病例患部疼痛明显，运动后疼痛减轻，而并非加重
牛慢性氟中毒	二者均表现关节肿大，跛行明显，站立困难，行动迟缓	牛慢性氟中毒病例牙齿变化明显，门牙恒齿变成氟斑牙，臼齿磨损明显，形成波状齿或阶状齿，进而咀嚼困难，齿间塞有饲料；下颌骨增大，严重的齿槽与牙齿间有缝隙；在下颌骨外侧和四肢管骨上常有骨瘤形成
牛腐蹄病	二者均表现关节肿胀，跛行，站立困难，行动迟缓	牛腐蹄病可继发于骨软病中，但原发性病例，则联系到牛场场地的石子、煤渣等坚硬物体及污脏情况，并以炎热、潮湿的夏季多发

防治措施

从改善饲养着手，正确调整饲料日粮的钙、磷比例。对壮年的经产和高产母牛需常年补充骨粉（蛋壳粉或贝壳粉）。

药物治疗可应用 20% 磷酸二氢钠 300~500 毫升，或 3% 次磷酸钙 1000 毫升静脉注射，特别对那些伴有低磷酸盐血症的倒地不起综合征的母牛是有效的。

四、牛铁缺乏症

病因分析

本病成年牛很少发病，主要是犊牛在日常的饮食中摄入铁的量少而发病。

临床症状

一般表现病牛发育缓慢，较同日龄的犊牛要小得多，病牛精神差，反复出现消化不良，便秘或下痢，排泥炭样粪便。采食量少，异食癖，被毛无光泽，可视黏膜苍白，消瘦，虚弱（图 6-5）。严重贫血时，会出现心脏亢进、呼吸加快等症状。

图 6-5　犊牛消化不良，消瘦，被毛无光泽

类症鉴别

病名	与牛铁缺乏症的相似点	与牛铁缺乏症的不同点
牛锰缺乏症	二者均表现关节增大，运动障碍	牛锰缺乏症病例（犊牛）骨骼畸形，关节麻痹，哞叫，肌肉震颤
牛碘缺乏症	二者均表现四肢运动障碍	牛碘缺乏症病例四肢弯曲变形，站立困难，皮肤干燥、增厚、粗糙，甲状腺肿大
犊牛佝偻病	二者均表现四肢运动障碍	犊牛佝偻病病例四肢弯曲如 ")("形、"()"形，关节不肿痛，不排泥炭样粪
牛营养性衰竭症	二者均表现消瘦，贫血，被毛粗乱	牛营养性衰竭症病例肌肉萎缩，显露骨架，关节小变形，也无疼痛，毛不褪色
牛狂犬病	二者均表现不断哞叫，肌肉震颤，阵发性兴奋	牛狂犬病的病原为狂犬病病毒；病牛体温稍高（40℃），流涎，起卧不安，排黑色稀粪，视力障碍，吞咽困难，因被狂犬病病畜咬伤而发病

防治措施

1）对于重度贫血的犊牛可补健康乳牛的全血 500 毫升。

2）口服硫酸亚铁，20 克 / 次，连用 15 天。

3）肌内注射维生素 B_{12} 制剂。

五、牛铜缺乏症

铜在动物体内含量很少，成年动物仅 80 毫克。在动物体内，铜与铁有协同及拮抗（适量协同作用，某一种量过多则起拮抗作用）作用，缺乏铜可引起贫血、神经机能紊乱、运动障碍等系列病理变化。

1）缺乏有机质和高度风化的砂土、沼泽地的泥炭土和腐殖质土壤含铜量较低。饲料中含铜量低于 3 毫克 / 千克即可发病。

2）饲料中含钼过多时，会妨碍铜的吸收。如钼的含量达 3~10 毫克 / 千克即出现临床症状。

3）锌、镉、铁、铅过多时，也可影响铜的吸收而发病。

4）饲料中植酸盐可与铜结合形成稳定的复合物，可降低铜的吸收率，从而减少铜在体内的存留量。

营养不良，贫血，消瘦，被毛粗乱，毛色变浅（红色、黑色变棕红色、灰白色），骨骼变形，关节畸形，运动障碍，还可出现癫痫症状。貌似健康的牛，头颈高抬，不断哞叫，肌肉震颤，并卧倒在地，多数很快死亡，少数可持续 1 天以上，呈间歇性发作，并以前肢为轴心做圆圈运动，共济失调，多在发作中死亡（图 6-6、图 6-7）。

图 6-6　病牛跌倒状

图 6-7　病牛共济失调

肝脏、脾脏、肾脏广泛性血铁黄素沉着，犊牛腕关节周围滑液囊的纤维组织层增厚，骨骺板增厚，骨骼钙化缓慢。

病名	与牛铜缺乏症的相似点	与牛铜缺乏症的不同点
牛锰缺乏症	二者均表现关节增大，运动障碍	牛锰缺乏症病例（犊牛）骨骼畸形，关节麻痹，哞叫，肌肉震颤
牛碘缺乏症	二者均表现四肢运动障碍	牛碘缺乏症病例四肢弯曲变形，站立困难，皮肤干燥、增厚、粗糙，甲状腺肿大
犊牛佝偻病	二者均表现四肢运动障碍	犊牛佝偻病病例四肢弯曲如 ") (" 形、" ( ) " 形，关节不肿痛，不排泥炭样粪

病名	与牛铜缺乏症的相似点	与牛铜缺乏症的不同点
牛营养性衰竭症	二者均表现消瘦，贫血，被毛粗乱	牛营养性衰竭症病例肌肉萎缩，显露骨架，关节小变形，也无疼痛，毛不褪色
牛狂犬病	二者均表现不断哞叫，肌肉震颤，阵发性兴奋	牛狂犬病的病原为狂犬病病毒；病牛体温稍高（40℃），流涎，起卧不安，排黑色稀粪，视力障碍，吞咽困难，因被狂犬病病畜咬伤而发病
牛脑多头蚴病	二者均表现站立不稳，经常做转圈运动等	牛脑多头蚴病的病原为脑多头蚴；病牛行走时头常倾于一侧，转圈时以木桩为中心，不哞叫，骨骼不变形，关节不畸形

防治措施

　　缺铜的土壤，每公顷应施硫酸铜 5.6 千克（应根据土壤缺铜量确定）。平时用 2% 硫酸铜矿物质盐给牛舔食。饲料含铜量基本要求每千克体重 10 毫克。定期注射乙二胺四乙酸钙铜、氨基乙酸铜或甘氨酸铜与无菌蜡剂和油的混合液，用量为 400 毫克，保护作用可持续 1 年左右。

　　（1）**硫酸铜**　0.5~1 克，内服，隔数天 1 次。

　　（2）**甘氨酸铜**　120 毫克皮下注射，也可将硫酸铜配成 0.5% 的比例混于盆内任其舔食。如铜和钴合并应用，效果更好。

六、牛低镁血症

病因分析

　　牛低镁血症主要是牛采食了牧草而引起血液中镁减少，也称青草搐搦症，临床上以兴奋、痉挛等为特征。

临床症状

　　急性病牛，具有明显的神经症状，兴奋不安，肌肉震颤，反应敏感。牙关紧闭或不停地磨牙，眼球震颤，瞬膜突出，四肢抽搐不能站立，四肢肌肉强直性痉挛，处理不及时，则会出现死亡（图 6-8、图 6-9）。

　　慢性病牛，一般症状不明显，最终会出现急性症状而痉挛死亡。

图 6-8　病牛四肢抽搐

图 6-9　病牛卧地，不能站立

	病名	与牛低镁血症的相似点	与牛低镁血症的不同点
类症鉴别	牛先天性脑室水肿	二者均表现初生犊牛突然倒地，四肢痉挛，几分钟或十几分钟后又能自动起立，一天可发作3~4次，体温正常等	牛先天性脑室水肿病例额凸出，眼眶小，眼球凸出，视力极差
	牛癫痫	二者均表现体温正常，突然倒地，四肢抽搐，几分钟或几十分钟即恢复正常等	牛癫痫病例年龄稍大，用硫酸镁注射后即能控制病情，不再发作

防治措施

1）放牧时，注意不要让牛突然饱食青草。

2）经常放牧的牛注意补镁。

3）治疗时先静脉注射含安钠咖30毫升的10%葡萄糖100毫升，然后静脉注射20%硫酸镁100毫升，最后注射10%葡萄糖酸钙300毫升。

七、牛酮血病

病因分析

牛酮血病是由于饲料中糖和产糖物质不足，以致脂肪代谢紊乱，大量酮体在体内蓄积而产生的一种营养代谢病。主要发生于奶牛，尤其是高产奶牛更为多发。饲喂富含蛋白质和脂肪的饲料过多而糖类饲料不足，是引发本病的主要原因。运动不足，前胃功能减退；大量泌乳，乳糖消耗增多，容易促使本病的发生。

临床症状

通常在产后2~3周发病。病牛呈现顽固性前胃弛缓，食欲减退，厌食精料，仅吃少量干草或其他粗饲料，或饮食欲废绝，常发异食癖，吃污秽不洁的垫草等。反刍减少，瘤胃蠕动音减弱或消失，粪便干硬或发生腹泻，粪便恶臭。泌乳量急剧下降。

病牛呼出气和皮肤有酮味（如同烂苹果味或氯仿、丙酮味）。血液、尿液及乳汁中酮体增多，血糖降低。

病牛可出现神经症状。初期兴奋不安，听觉过敏，眼神狞恶，眼球震颤，咬肌痉挛，背腰部皮肤敏感，有的横冲直撞，狂暴不安。后期转为抑制，步态不稳，后肢轻瘫，不能站立，卧地不起，有时头曲于颈侧而呈昏迷状态（图6-10）。

图6-10 病牛歪颈，步态不稳

病名	与牛酮血病的相似点	与牛酮血病的不同点
牛皱胃左方变位症	二者均表现产后发病，体温不高，呼出气、排出尿和挤出的乳有酮气味，消化紊乱，拒吃精料，尚吃少量干草	牛皱胃左方变位症病例的病程在 1 个月以上时，在左肋部可出现气囊；在左侧肩胛骨的下 1/3 水平沿线的第 10~12 肋间听诊时，可听到皱胃内气体通过液面时发出的声音，与对侧（最后三肋弓区）相比稍显臌胀，而左肷窝下陷
母牛产后瘫痪	二者均表现产后发病，体温不高或下降，食欲降低或废绝	母牛产后瘫痪病例多在产后 12~72 小时发生；病牛意识和知觉丧失，四肢肌肉震颤，瘫痪，多在产后几小时不能站立，昏睡，消化道麻痹，皮温低和低血钙；非典型病例，多发生在产前及分娩后数天至数周；主要症状是病牛伏卧，颈部呈"S"状弯曲
牛低镁血症	二者均表现感觉过敏，空嚼，表现不安，全身紧张，沉郁、兴奋反复间断发作	牛低镁血症病例因大量采食夏季下雨之后生长的青草和谷草，尤其是施用大量氮肥和钾肥的谷草，镁含量低而发病；天气恶劣情况下易发，耳竖立，瞬膜凸出，突发音响或触动可发生痉挛

预防
措施

加强饲养管理，注意饲料组合，不可偏喂单一饲料。妊娠后期和产犊以后，应减喂精料，增喂优质青干草、甜菜、胡萝卜等含糖和维生素丰富的饲料。适当增加运动，及时治疗前胃疾病。

治疗
方法

首先应加强护理，调整饲料，减喂油饼类等富含脂肪的精料，增喂甜菜、胡萝卜、干草等富含糖和维生素的饲料，并适当增加运动。

（1）**补糖**　可用 25%~50% 葡萄糖液 300~500 毫升，静脉注射，每天 2 次。如同时肌内注射胰岛素 100~200 国际单位，则效果更好。

（2）**补充产糖物质**　可用丙酸钠 120~200 克，混饲喂给或口服，连用 7~10 天；丙二醇 100~120 毫升，口服，连用 2 天；或用甘油 240 毫升，口服，连用数天。也可口服乳酸钠或乳酸钙 450 克，每天 1 次，连用 2 天；或口服乳酸胺 200 克，每天 1 次，连用 5 天。

（3）**促进糖原异生**　可应用氢化可的松 0.5~1 克，或醋酸可的松 0.5~1.5 克，或地塞米松 10~30 毫克，或醋酸泼尼松 50~150 毫克，或促肾上腺皮质激素 1 克，肌内注射。

（4）**解除酸中毒**　可静脉注射 5% 碳酸氢钠液 500~1000 毫升，或口服碳酸氢钠 50~100 克，每天 1~2 次。对兴奋不安的病牛，可口服水合氯醛 15~30 克。为兴奋瘤胃蠕动，可酌用兴奋瘤胃蠕动的药物。

八、母牛产后瘫痪

母牛产后瘫痪是母牛高发病，是指母牛分娩后出现卧地不起为主要特征的血钙代谢障碍。一般是多胎母牛容易发生，其主要原因是母牛分娩后，泌乳量大增，造成血钙流失，或产前饲喂高钙低磷的饲料，造成钙的吸收障碍。

一般母牛刚发病时，出现神经兴奋，磨牙，摇头，伸舌，肌肉震颤，两后肢交替着地，随着出现站立不稳，行走时摇晃不稳，不久便卧地不起（图6-11）。强行轰赶时，会勉强站立后又突然趴下。随病程的延长，母牛不能站立，出现昏睡状态，脊柱呈典型的S状弯曲，针刺反射消失，体温降至36℃左右。后期出现瞳孔放大，肛门松弛，反射消失，病牛陷入昏睡状态。

图6-11 母牛产后瘫痪

病名	与母牛产后瘫痪的相似点	与母牛产后瘫痪的不同点
母牛倒地不起综合征	二者均常发生于产后2~3天的高产牛，均有卧地不起、四肢瘫痪等症状	母牛倒地不起综合征病例精神很好而且机敏，体温正常或稍高，多数病牛频频试图站立，但其后肢不能完全伸直，故由此得名"爬行母牛"，严重病牛呈侧卧姿势，称"爬卧母牛"；钙剂治疗无效，补磷、镁、钾，症状有明显改善
牛酮血病	二者均多发生于产后20天内，均有食欲减退，精神沉郁，步态不稳，后肢软瘫，不能站立，卧地不起，有时头曲于颈侧（出现神经症状病牛）等	牛酮血病病例呼出气和排出的尿、乳汁有酮味，用钙剂疗法收效甚微，注射葡萄糖有明显效果
母牛妊娠毒血症	二者均发生于产后的高产母牛，均有食欲减退至废绝，卧地不起，产后瘫痪，有时头曲于颈部，肌肉震颤等	母牛妊娠毒血症多发生于干奶期母牛日粮不平衡、精料量比例过大、妊娠后期和产犊时过于肥胖的牛；体内酮体增多，有酮尿、乳腺炎，部分病牛还可出现神经症状如举头
母牛产后败血症	二者均表现精神沉郁，卧地不起（产后败血症的重症病牛），反应迟钝	母牛产后败血症除急性病例迅速死亡外，亚急性型病初体温升高达40~41℃，呈稽留热，眼结膜充血、微带黄色

防治措施

1）产前 15 天饲喂低钙高磷饲料，并且注意阴离子盐的添加。

2）对于产前较弱的母牛可在产前静脉注射钙制剂。

3）静脉注射 10% 葡萄糖酸钙 1000 毫升，或 5% 氯化钙 500 毫升、25% 葡萄糖 500 毫升，8 小时后重复注射 1 次。

如果补钙后症状有所改善，但仍不能站立者，可静脉注射 15% 磷酸二氢钠 300 毫升。注意补钙时应缓慢注射，防止钙离子刺激心脏。一般先补葡萄糖，再补钙。

4）通过乳房送风来治疗。

九、母牛妊娠毒血症

病因分析

母牛妊娠毒血症又称母牛肥胖综合征或母牛脂肪肝。主要原因是妊娠期间采食精料过多，造成肥胖；或饲料中粗饲料缺乏；或继发于低血钙、皱胃左方变位等疾病。

临床症状

大多数病牛随分娩发病，母牛不吃不喝，精神沉郁，没有乳，瘤胃蠕动减弱，体温升高，眼结膜黄染，病情稍轻的，常伴发胎衣不下、乳腺炎等疾病。并且伴有酮病，严重者昏迷死亡。

类症鉴别

病名	与母牛妊娠毒血症的相似点	与母牛妊娠毒血症的不同点
牛酮血病	二者均表现母牛肥胖，精神沉郁，食欲减退、不食精料，仅吃少量粗料，尿少而黄，尿有酮气味，卧地不起（瘫痪型），有时狂躁、摇摆等	牛酮血病病例多在分娩后几天乃至数周内发生，尤其是泌乳盛期的高产牛群，更有多发酮病的趋势；有些病牛经 7~8 天死亡
母牛倒地不起综合征	二者均表现卧地不起，体温、呼吸无异常等	母牛倒地不起综合征是泌乳母牛临近分娩或分娩后发生的一种以卧地不起为特征的临床综合征；最常发生于产犊后 2~3 天的高产牛，此类病牛在两次钙剂治疗后 24 小时仍不能站立；持续躺卧是本病的特征，病牛通常是机敏的，多数病牛想站起，其后肢不能完全伸直，只能以部分屈曲的两后肢沿地面爬行，故称"爬行母牛"或"爬卧母牛"
母牛产后瘫痪	二者均表现产后发病，卧地不起，肌肉震颤，食欲、反刍停止等	母牛产后瘫痪病例体温下降至 35~36℃，牛闭目昏睡，四肢发凉，意识不清，针刺皮肤无反应，呼吸深而慢；非典型病例，伏卧时头颈部呈 "S" 状弯曲

防治
措施

1）加强饲养管理，注意日粮平衡，防止干奶期母牛过胖。

2）合理分群，注意干奶期牛的管理。

3）注意产后母牛的管理，防止疾病发生。

4）治疗应以保肝、补充能量为原则。

5）10% 葡萄糖 1000 毫升、安钠咖 30 毫升、10% 葡萄糖酸钙 300 毫升、5% 碳酸氢钠 500 毫升，1 次静脉注射。

6）取健康母牛的瘤胃内容物投服到病牛瘤胃中。

7）口服丙二醇，或肌内注射胰岛素，促进葡萄糖代谢，连用 5 天。

第七章

牛其他普通病的鉴别诊断与防治

07

一、牛内科疾病

1. 牛口炎

牛口炎是口腔黏膜表层和深层组织的炎症。在病理过程中，口腔黏膜和齿龈发炎，可使病牛采食和咀嚼困难，口流清涎，痛觉敏感性增高。临床上常见单纯性局部炎症和继发性全身反应。

常见的病因是采食粗硬的饲料，饲料不洁或混有尖锐的异物，以及动物本身牙齿磨灭不正。其次是误食有刺激性的物质，如生石灰、氨水和高浓度刺激性强的药物等。此外，还可继发于舌伤、咽炎及某些传染病。

病牛表现采食小心，咀嚼缓慢，有时将饲料吐出口外。流涎，大量唾液呈白色泡沫状附于唇边或呈牵丝状流出。鼻镜丘疹，口腔黏膜潮红、肿胀、口温增高，舌面有舌苔，口内有甘臭或腐败臭味。有时在口腔黏膜上可看到创伤、水疱、烂斑、溃疡等病变（图 7-1~ 图 7-5）。

图 7-1　病牛流涎　　　　　　　图 7-2　病牛鼻镜丘疹

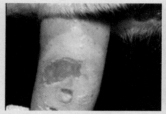

图 7-3　病牛唇、牙龈溃疡　　　图 7-4　病牛舌面溃疡　　　图 7-5　病牛上颚出血、溃疡

类症鉴别

病名	与牛口炎的相似点	与牛口炎的不同点
牛口蹄疫	二者均表现口腔黏膜潮红，有水疱及溃疡，流涎	牛口蹄疫的病原为口蹄疫病毒，具有很高的传染性；病牛体温可升高到 40~41℃，同时在蹄部趾间甚至鼻部和乳头也可有水疱和溃疡，水疱破裂后体温下降；用生物素标记探针技术可检测出口蹄疫病毒
牛恶性卡他热	二者均表现口腔黏膜潮红、肿胀，流涎，拒食	牛恶性卡他热的病原为恶性卡他热病毒，具有传染性；病牛表现出不同临床类型，最主要是头眼型，体温可升高到 41℃左右，眼睑、头部肿胀，眼、鼻有分泌物，两眼有脓性及纤维素性分泌物；初期便秘，后期出现剧烈腹泻；有的病牛可呈现癫痫样痉挛性发作，眼球发生特异的上翻状态
牛病毒性腹泻－黏膜病	二者均表现口腔黏膜糜烂，流涎	牛病毒性腹泻－黏膜病的病原为牛病毒性腹泻－黏膜病病毒，具有传染性；病牛体温可升高到 40~42℃，眼、鼻有分泌物，有持续性的腹泻，腹泻可持续 1~3 周，粪便呈水样、恶臭，病程长
牛传染性水疱病	二者均表现口腔黏膜发生水疱	牛传染性水疱病的病原为牛传染性水疱病病毒，具有传染性；流行时，病牛蹄、肢之间也有水疱发生，体温升高
牛狂犬病	二者均表现流涎，拒食	牛狂犬病的病原为狂犬病病毒，具有传染性；病牛体温可升高到 40℃以上，口腔黏膜不红肿，不断哞叫直至声音嘶哑，阵发腹痛并排黑软粪，且视力障碍
牛有机磷农药中毒	二者均表现流涎，拒食	牛有机磷农药中毒病例因采食被有机磷农药污染的饲草、饲料而发病；发病急，瞳孔缩小，腹痛，黏膜苍白，呼吸困难，全身颤抖，抽搐

预防措施　注意饲料卫生，及时修整病齿，防止误食刺激性物质。

治疗方法　除去病因，加强护理，喂给柔软易消化的饲料。

1）用 1% 食盐水，或 2%~3% 硼酸溶液，或 2%~3% 碳酸氢钠溶液冲洗口腔，每天 2~3 次。

2）口腔恶臭时，可用 0.1% 高锰酸钾溶液冲洗口腔。

3）口腔分泌物过多时，可用 1% 明矾溶液冲洗口腔。

4）口腔黏膜或舌面发生烂斑或溃疡时，洗口后还可用碘甘油（5% 碘配 1 份、甘油 9 份），或 2% 甲紫溶液，或 1% 磺胺甘油乳剂涂布创面，每天 1~2 次。

5）对严重的口炎，口衔磺胺明矾合剂（长效磺胺粉 10 克、明矾 2~3 克，装入布袋内衔之），每天更换 1 次，效果良好。

2. 牛咽炎

牛咽炎是各种病原微生物感染口腔咽部而产生的炎症，可单独存在，也可与鼻炎、扁桃体炎和喉炎并存，或为某些疾病的前驱症状。

病因分析　主要是由于机械性刺激、吸入刺激性气体及寒冷刺激等所致；其次是继发于口炎、喉炎、牛痘、结核等病经过中。

图 7-6　病牛咽部红肿、充血、出血

临床症状　病牛咽部红肿、充血、出血（图 7-6），头颈伸展。触压咽部时，表现敏感，伸颈摇头，并发咳嗽。

病牛表现吞咽障碍。轻症者，吞咽困难，但能饮水；重症者，不能吞咽，食物及饮水由鼻腔逆出。口腔内蓄积大量黏稠唾液，呈牵丝状流出，或于开口时大量流出（图 7-7）。

轻症病例，全身症状不明显。重症病例，体温升高，脉搏、呼吸增数，下颌淋巴结肿大，炎症常蔓延到喉部，导致呼吸急促，频发咳嗽。

图 7-7　病牛流涎

病名	与牛咽炎的相似点	与牛咽炎的不同点
牛食道阻塞	二者均表现流涎，喝水时鼻流水，绝食	牛食道阻塞病例咽部无肿胀疼痛；如梗塞在颈部食管，可在颈部摸到梗塞；如梗塞在胸部食管，颈部食管膨大，有波动，用导管推至梗塞处即被阻住而不能深入进胃
牛口炎	二者均表现流涎、拒食	牛口炎病例口腔黏膜潮红、肿胀，舌面有舌苔，口内有腐败臭味；有时在口腔黏膜上可看到创伤、水疱、烂斑、溃疡等病变
牛喉囊脓肿	二者均表现咽喉部肿胀，吞咽困难	牛喉囊脓肿病例脓肿部有波动感，无热痛，喝水不从鼻流出

防治
措施

1）将病牛拴在温暖干燥、通风良好的圈舍内，给予柔软易消化的草料，并勤给微温盐水。

2）重症病牛可静脉注射 10%~25% 葡萄糖液 1000~1500 毫升，或营养灌肠，切勿经口、鼻投药，以防误咽。咽部可用温水或白酒温敷，每次 20~30 分钟，每天 2~3 次，或在咽部涂擦 10% 樟脑酒精、鱼石脂软膏，每天换药 1 次。

3）口衔磺胺明矾合剂。

4）重症病例，可用青霉素 100 万 ~120 万国际单位，肌内注射，每天 2~3 次，连用 3~5 天。

3. 牛食道阻塞

食道阻塞也称食管阻塞，是牛食道内腔被食物或异物堵塞而发生的以咽下障碍为特征的疾病。

病因
分析

主要是饿后贪食，采食过急，或采食中突然受惊急咽，多在吞食萝卜、甘薯、马铃薯、甜菜、玉米棒等块状饲料时发生。也可继发于食管狭窄、食管痉挛、食管麻痹等病。

临床
症状

病牛突然停止采食，骚动不安，摇头缩颈，屡做吞咽动作。口内流涎，空口咀嚼，伴发咳嗽，常从口鼻逆出蛋清样液体（图 7-8）。采食、饮水时，食物和水从鼻腔逆出。病牛很快继发瘤胃臌胀（图 7-9）。

图 7-8　病牛反复咳嗽

图 7-9　病牛瘤胃臌胀

颈部食管梗塞，视诊可见膨大部，触诊可摸到梗塞物。胸部食管梗塞，如有大量唾液蓄积于梗塞物上方食管，触压颈部食管有波动感。

病名	与牛食道阻塞的相似点	与牛食道阻塞的不同点
牛咽炎	二者均表现口、鼻流涎，喝水能从鼻孔流出，头颈伸直	牛咽炎病例缓慢和少量喝水时鼻不流水，咽部肿胀敏感，食管无积液波动
牛喉囊炎肿	二者均表现流涎，头颈伸直	牛喉囊炎肿病例喉部有肿胀、热痛，呼吸困难，呼吸有鼾声，喝水鼻不流涎
牛食管炎	二者均表现口、鼻流涎，吃草吞咽困难，大口喝水从鼻流出	牛食管炎病例咽部和食管内无硬块，用导管探诊排出食管积液后灌水能入胃，至炎症处即阻止导管进入，但稍用力即可通过
牛破伤风	二者均表现头颈伸直，口腔潴留大量唾液，嘴张开时流涎	牛破伤风病例两耳直立，牙关紧闭，四肢强直，呈"木马"状

饲喂要定时定量，勿使牛饥饿，防止其采食过急；合理调制饲料，如豆饼要泡软，块根类饲料要适当切碎；在块根类农作物收获季节，使役的牛应戴上口网，以防其偷吃，即便偷吃，也应缓慢驱赶。

如果病牛已经发生瘤胃臌胀，应及时进行瘤胃穿刺放气，以防其窒息。

本病根本疗法是除去食管内的梗塞物。对于颈部食管梗塞，可先用胃管灌入植物油 100~200 毫升，然后将牛头保定好，装开口器，助手用双手将梗塞物自下而上推送到咽部固定，术者用左手将牛舌拉出口外、右手伸入咽部取出梗塞物。

胸部食管梗塞，可先灌服 2% 普鲁卡因溶液 20~30 毫升，经 10 分钟后，灌服液状石蜡或植物油 100~200 毫升，用胃管小心地将梗塞物向胃内推送。或在胃管上连接打气筒，有节奏地打气，趁食管扩张时，将胃管缓缓推进，有时可将梗塞物送入胃内。

治疗食管梗塞，还可用盐酸赛拉唑 3 毫升，肌内注射。

4. 牛前胃弛缓

牛前胃弛缓是前胃神经肌肉感受性降低，收缩力减弱，瘤胃内容物运转迟滞，菌群失调，产生大量发酵和腐败物质，引起消化障碍，食欲、反刍减退，乃至全身功能紊乱的一种疾病，可继发酸中毒。

发生前胃弛缓的原因复杂，一般可分为原发性和继发性2种。不良的饲养管理是原发性前胃弛缓的主要原因，长期地大量饲喂粗硬秸秆（如豆秸、山芋藤等），饮水少，草料骤变，饲养方法改变，采食精料过多等，导致消化系统机能下降，致使本病发生。

牛舍阴冷、潮湿、拥挤、污秽，缺乏运动和日照等管理不善，以及其他各种不良因素的刺激等均能引起前胃神经兴奋性降低，前胃消化、运动机能紊乱而发生本病。

继发性前胃弛缓病因较复杂，可继发于某些传染病、寄生虫病、口腔疾病、其他肠道疾病、代谢疾病等。

病牛精神沉郁，食欲减退或废绝，鼻镜干燥，经常磨牙，反刍迟缓或停止，嗳气减少或停止。瘤胃蠕动音减弱或消失，瘤胃内容物柔软或黏硬，有时出现轻度瘤胃臌胀。网胃及瓣胃蠕动音减弱或消失。病初排粪迟滞，粪便干硬、色暗，呈黑色泥炭状，继而发生腹泻，排棕褐色粥样或水样稀便，粪便恶臭难闻。体温、脉搏、呼吸一般无明显变化。后期脉搏增数；继发瘤胃臌胀时，呼吸困难；继发肠炎时，体温升高。随病程延长，病牛逐渐消瘦，触诊瘤胃有痛感。最后极度衰弱，卧地不起，头置于地面，体温低于正常温度（图7-10）。

图7-10　病牛瘤胃臌胀，呼吸困难，卧地不起，回头顾腹

病名	与牛前胃弛缓的相似点	与牛前胃弛缓的不同点
牛瘤胃积食	二者均表现吃草、反刍减少或废绝，瘤胃蠕动音减弱，叩诊呈浊音或半浊音（前胃弛缓其中下部呈浊音），体温一般不高	牛瘤胃积食病例触诊瘤胃疼痛不安，瘤胃内容物黏硬或坚实，瘤胃膨大，回头观腹，口腔滑润；尿量少或无尿，流涎，空嚼，后肢踢腹
牛创伤性网胃炎	二者均表现吃草、反刍减少或废绝，瘤胃蠕动音减弱，有时臌胀（前胃弛缓是间歇性臌胀，创伤性网胃炎是周期性臌胀）	牛创伤性网胃炎病例行动和姿势异常，站立时，肘头外展，左肘后部肌肉颤抖，多取前高后低姿势；起立时，多先起前肢，卧地时，表现非常小心；体温中度升高，网胃区触诊有疼痛反应；颌下、胸腹下水肿，药物治疗无效

病名	与牛前胃弛缓的相似点	与牛前胃弛缓的不同点
牛皱胃阻塞	二者均表现吃草、反刍减少或废绝，腹围增大，瘤胃柔软，蠕动音减弱	牛皱胃阻塞病例皮干毛燥，皮肤弹力减弱，眼球深深陷入眼眶中，呈现严重的脱水状态；右侧下腹部至肋弓之后有一宽条状凸起物，触压时有疼痛，排粪频繁，只能排出少量棕褐色、恶臭的粥状粪便，混有黏液、紫黑色血丝和凝血块；在胲部听诊，同时用手指轻叩左侧9~13肋骨弓，可听到叩击钢管而发出的清朗的铿锵音
牛瘤胃酸中毒	二者均表现吃草、反刍减少或废绝，瘤胃柔软，蠕动音弱或无	牛瘤胃酸中毒病例因采食含碳水化合物饲料过多而发病；体温偏高，呼吸、心跳加快，眼结膜潮红，走路蹒跚，严重时不能起立，瘤胃内容物pH在6以下，尿pH在7以下
牛创伤性心包炎	二者均表现吃草、反刍减少或废绝，瘤胃蠕动音弱或无	牛创伤性心包炎病例久站不愿卧下，卧时前肢先下跪，后躯蹒跚、左右移动而后才卧下；心区叩诊敏感，听诊有拍水音

注意改善饲养管理，合理调配饲料，不喂霉败、冰冻等质量不良的饲料，防止突然变换饲料。加强运动，合理使役。

病初绝食1~2天，以后喂给优质干草和易消化的饲料，要少给勤添，多饮清水。

为了兴奋瘤胃蠕动的功能，可先服缓泻、制酵剂，如用硫酸镁500克、松节油30~40毫升、酒精80~100毫升、温水4~5升，1次口服；或液状石蜡1~2升、苦味酊20~40毫升，1次口服。再用兴奋瘤胃蠕动药，如用苦味酊50毫升、稀盐酸30毫升、番木鳖酊15~25毫升、酒精100毫升、常温水500毫升，1次口服；或新斯的明20~60毫克，皮下注射，最好用其最低量，每隔2~3小时注射1次，连用2~3天。

5. 牛瘤胃积食

瘤胃积食也称急性瘤胃扩张，是由于瘤胃内积滞过多的食物，容积增大，使前胃机能紊乱而发病。多见于舍饲奶牛。

牛瘤胃积食主要是贪食过多的豆科植物干草、块茎饲料和容易膨胀的精饲料（大麦、玉米、黄豆、豆饼等）或不易消化的粗饲料（麦草、谷草、稻草、豆角皮、豆秸等）所致，有时饲养管理不当也可引起发病。

病初牛食欲减退，反刍、嗳气减少或停止，拱背，不断努责，回顾腹部（图7-11），后蹄踢腹，磨牙，摇尾，站立不安，时预卧地，但卧时短暂又复站立，一般取右侧横卧。瘤胃蠕动微弱或完全停止。通过直肠按压瘤胃内容物时，多为坚实沙袋样，病牛有痛感。左腹中下部增大，触诊坚硬如面团样，腹围增大（图7-12）。叩诊呈浊音，有时上部有少量气体。鼻镜干燥，鼻孔有黏液脓性分泌物。通常排软粪或腹泻，粪呈黑色、恶臭。严重者粪中带血和黏液，以及未消化的饲料颗粒。一般体温不高，由于瘤胃内容物增多，呼吸紧张而急促，心跳加快。

图7-11　病牛回顾腹部

病情严重者，病牛迅速脱水、衰竭、步样蹒跚、臀部摇晃，四肢颤抖，如同醉酒。有的病牛卧地不起，头转向腹壁，很像产后麻痹。

图7-12　病牛左肷部膨满，坚硬。腹围增大

发生酸中毒时，呈现昏迷，视觉紊乱，碰撞障碍物，失明，呼吸加深。过食精饲料的病例，由于毒血症，病情更为严重，可能出现严重的神经症状，发生蹄叶炎、中毒性前胃炎、胃肠炎等。

病名	与牛瘤胃积食的相似点	与牛瘤胃积食的不同点
牛前胃弛缓	二者均表现吃草、反刍减少或废绝，瘤胃蠕动音减弱	牛前胃弛缓病例瘤胃不饱满、不坚硬
牛瘤胃臌胀	二者均表现左肷饱满，呼吸增数，烦躁不安，吃草、反刍减少或废绝	牛瘤胃臌胀病例有时臌胀高过背脊，叩之呈鼓音，针刺瘤胃放出气体
牛创伤性网胃炎	二者均表现吃草、反刍减少或废绝，不想卧倒，磨牙	牛创伤性网胃炎病例剑状软骨部位叩诊疼痛，卧时前肢下跪，后躯左右移动多次才卧下，走下坡路显痛苦状
牛黑斑病甘薯中毒	二者均表现吃草、反刍废绝，瘤胃饱满，腹围大，呼吸增数	牛黑斑病甘薯中毒病例因吃黑斑病甘薯而发病；瘤胃虽饱满，但按压不坚硬，胸围膨大，有时颈背部出现皮下气肿

加强饲养管理，防止过食，避免突然更换饲料，粗饲料要适当加工软化后再喂。

治疗
方法

治疗瘤胃积食，关键在于排出瘤胃内容物，根据病程可用促进瘤胃蠕动、洗胃、泻下和瘤胃手术等方法。

（1）**轻症**　按摩瘤胃，每次时间为 5~10 分钟，必要时可在 6~8 小时内，每隔 30 分钟按摩 1 次，同时灌服大量温水。也可内服面包酵母，每天 2 次，每次 250~500 克。

内服泻剂，如硫酸镁或硫酸钠 400~800 克，加制酵剂或吸附剂及适量水，1 次内服；如瘤胃过度充满，可用油类泻剂——液状石蜡 1000~2000 毫升或豆油 1000~1500 毫升，1 次内服。应用泻剂后，再给予促进瘤胃运动的兴奋药，如静脉注射 10% 氯化钠注射液 300~500 毫升或促反刍液 500~1000 毫升。

（2）**比较顽固的病例**　在静脉注射促反刍液的同时进行洗胃，以排出瘤胃内的饲料及有害物质。洗胃时，可用口径较大的胃管灌入大量温水，然后再导出来，如此反复进行，直到瘤胃内饲料大部分被洗出为止。

（3）**严重的瘤胃积食，而伴有脱水、酸中毒及神经症状时**　静脉注射 5% 葡萄糖生理盐水或复方氯化钠液，每天 2~3 次，每天剂量为 8000~10000 毫升，连用 3~5 天。同时注射安钠咖及维生素 C。为了解除酸中毒，可内服碳酸氢钠 100~200 克。高度兴奋时，肌内注射氯丙嗪 300~500 毫升。

危重病例，发现时间较早，可考虑施行瘤胃切开术。

6. 牛瘤胃酸中毒

牛瘤胃酸中毒是由于精饲料过多或者饲喂酸度过高的青贮饲料，瘤胃产生大量乳酸而引起的全身性代谢紊乱性疾病，主要特征是消化机能紊乱、瘫痪或休克。临床上又称为酸性消化不良、乳酸中毒、精料中毒等。

病因
分析

1）突然一次采食富含碳水化合物的精料（玉米、大麦、小麦、甘薯等）。

2）精料（玉米、甘薯等）与粗料的比例本来合理（1∶10），但吃草减少而精料不减，有时还增加了精料，如在春节期间或母牛产犊时增喂面条或面糊等。

3）富含碳水化合物的精料在瘤胃的酵解下产生大量乳酸，加上丁酸盐的分子浓度增加使瘤胃蠕动停滞，乳酸通过瘤胃的吸收进入机体，引起血液 pH 下降，瘤胃也因酸的浓度增加而提高了渗透压，不仅引起机体脱水，而且进一步使血液中的乳酸浓度增加。

临床症状

（1）**急性** 食后几小时或十几小时即突然发病，体温稍升高，呼吸增数，心跳达每分钟100次以上，精神沉郁，眼结膜充血，吃草、反刍废绝，瘤胃稍饱满，触诊柔软波动，听诊蠕动音弱或无蠕动音。眼球向内凹陷，有的粪稀有酸臭味，尿pH降至5或以下，尿量少，卧地不起，张口呼吸，脱水，若不及时治疗，1~2天死亡（图7-13、图7-14）。

图7-13 犊牛过食牛奶引起的瘤胃酸中毒，病至后期卧地不起，张口呼吸，舌黏膜发绀

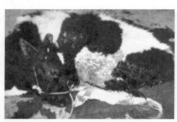

图7-14 过食玉米引起的瘤胃酸中毒，病牛卧地不起，回头顾腹，脱水，眼球凹陷

（2）**慢性** 吃草、反刍逐渐减少，心跳、呼吸增数，体温无变化或偏高。鼻镜时干时湿，瘤胃不充实而柔软，蠕动次数减少、音弱。粪稀软、酸臭，尿量减少。严重时，吃草、反刍废绝，体温稍升高，心跳每分钟100次以上，呼吸也增数，鼻干、口臭，眼结膜稍充血，按压瘤胃敏感。精神沉郁，有时久站不想卧下或卧下几小时也不愿站立，瘤胃pH为6以下，尿pH为5左右，磨牙，有时发生蹄叶炎，叩诊有痛感，跛行。

类症鉴别

病名	与牛瘤胃酸中毒的相似点	与牛瘤胃酸中毒的不同点
牛前胃弛缓	二者均表现吃草、反刍减少或废绝，瘤胃柔软、蠕动弱，懒于行动	牛前胃弛缓病例一般按压瘤胃留指痕（瘤胃因用药不当而使渗透压升高或饮水不能通过网瓣孔才会有较多的水分），末期才表现沉郁，瘤胃和尿的pH不会急剧下降
牛过食豆类病	二者均表现吃草、反刍减少或废绝，慢性时瘤胃柔软、波动，蠕动减弱，呼吸、心跳增数，懒于行动	牛过食豆类病病例因多吃黄豆、豆饼而发病；瘤胃常呈泡沫性臌胀，导出瘤胃内容物多为灰白色并有豆瓣，粪便呈灰白色、有恶臭，瘤胃及尿pH初高后降低，血氨增加，可达15.1毫克/升

预防措施

喂牛的精料不单用或多用谷类（麦类、玉米、甘薯等），每天与草的比例不超过1∶10，更不能一次大量喂给，如牛减少吃草量，也相应减少精料量，以免精料相对增多导致瘤胃pH下降而引发本病。

在治疗时应以调整血液和瘤胃的 pH，改善微循环、脱水和瘤胃内环境为主，对其他病况再进行对症治疗。

1）洗胃是排除瘤胃积聚乳酸的有效方法。瘤胃内环境的改善，对病牛康复具有重要意义。

2）用含糖盐水 4000~5000 毫升、5% 碳酸氢钠 500~700 毫升、10% 安钠咖 30 毫升静脉注射。如酸中毒较重，8~12 小时再静脉注射 5% 碳酸氢钠 300 毫升、10% 安钠咖 30 毫升。

3）如磨牙，用五倍子、大黄、龙胆各 30 毫克水煎服，连服 3 天。服时加食母生（干酵母）300 片。

4）如发生蹄叶炎，在球节上方用 2% 普鲁卡因 10 毫升加已稀释的青霉素（10 毫升 80 万国际单位）做环形封闭，隔天 1 次，同时用 20% 氯化铵冷水冷浸蹄部，每次 30 分钟，每天 2 次，连用 3 天。

7. 牛创伤性网胃炎

牛采食不经细嚼即吞下，而且口腔黏膜对机械性刺激敏感性差，当饲草中混有尖锐的金属异物时，极易被牛囫囵吞下，进入网胃。在网胃的强力收缩下，若仅刺伤网胃，则引起创伤性网胃炎，若穿透网胃壁，伤及腹膜、横隔膜、心包膜，则形成创伤性腹膜炎或心包炎。

本病主要发生于舍饲的奶牛。草原上放牧牛群，距离城市和工矿区远，很少发生。

病牛采食时随同饲料吞咽下的金属异物，在未刺入胃壁前，没有任何临床症状。异物通常存留在网胃内。当分娩阵痛、长途输送、瘤胃积食及其他致使腹腔内压增高的因素影响下，突然呈现临床症状。

发病的初期，一般多呈现前胃弛缓，食欲减退，有时出现异食癖，瘤胃收缩力减弱，反刍受到抑制而迟缓，不断嗳气，常常呈现间歇性瘤胃臌胀。肠蠕动音减弱，有时发生顽固性便秘，后期下痢，粪有恶臭，泌乳量减少。由于网胃疼痛，病牛有时突然骚动不安，病情逐渐加剧，病牛胸前、颌下部水肿（图 7-15），久治不愈，并因网胃和腹膜或胸膜受到金

图 7-15　病牛胸前、颌下部水肿

属异物损伤，呈现各种异常临床症状。

（1）**姿态异常** 站立时，常采取前高后低的姿势，头颈伸展，两眼半闭，肘关节向外展，拱背，不愿移动。

（2）**运动异常** 牵病牛行走时，忌上下坡、跨沟或急转弯。在砖石或水泥路面上行走时止步不前。

（3）**起卧异常** 当卧地、起立时，因感疼痛，极为谨慎，肘部肌肉颤动，甚至呻吟和磨牙。

（4）**叩诊异常** 叩诊网胃区，即剑状软骨左后部腹壁，病牛感疼痛，呈现不安，呻吟退让，躲避或抵抗。

（5）**反刍、吞咽异常** 有些病例，反刍缓慢，有时可见到吃力地将瘤胃中食团逆呕到口腔，并且吞咽动作常有特殊表现，吞咽时缩头伸颈、停顿、很不自然。

（6）**敏感** 用力压迫胸椎脊突和剑状软骨，或于鬐甲与网胃水平线上，双手将鬐甲皮肤捏成皱褶，病牛表现出敏感不安，并引起背部下凹现象。

由于金属异物穿透网胃，刺损内脏和腹膜所导致的炎性变化不同，而临床症状也各异。一般而言，腹腔脏器被铁丝或铁钉刺伤时，常常呈现剧烈腹痛症状。如果伴发急性局限性腹膜炎，体温轻度升高，呼吸稍急促，脉搏略增数，姿态异常，食欲减退，数日后病情弛张不定。当病变部结缔组织增生将异物包埋时，症状消退，不见异常。但其后又常常复发，病情加剧。若伴发急性弥漫性腹膜炎或胸膜炎，内脏器官粘连，体温上升至 40~41℃，脉搏增至 100~120 次 / 分钟，呼吸浅表、疾速，全身症状明显。若脾脏或肝脏受到损伤，则形成脓肿，扩散蔓延，往往引起全身脓毒败血症，病情急剧发展和恶化。

剖检可见网胃内有铁丝、铁钉等尖硬异物，心包、心肌等有创伤（图 7-16~图 7-21）。

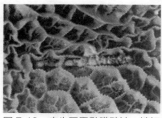  

图 7-16 病牛网胃黏膜襞被一铁钉穿通　图 7-17 病牛网胃内存钢针　图 7-18 病牛网胃与隔膜局部粘连

 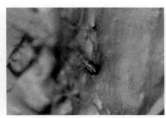 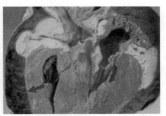

图 7-19　异物刺入心包，引起心包积液，心包浆膜的壁层与脏层（心外膜）表面有大量纤维素沉着　　图 7-20　异物穿透心壁，刺入心室，导致心肌穿孔　　图 7-21　异物穿透心壁后，心室血液流入心包，引起心包腔积血

病名	与牛创伤性网胃炎的相似点	与牛创伤性网胃炎的不同点
牛创伤性心包炎	二者均表现吃草、反刍减少或废绝，卧时小心移动几次才卧下，肘外展，金属探测仪检验有反应	牛创伤性心包炎病例叩诊心区敏感、听心跳有拍水音，颌、垂皮有水肿
牛前胃弛缓	二者均表现吃草、反刍减少或废绝，精神不振	牛前胃弛缓病例左肘不外展，剑状软骨部叩诊无疼痛反应，虽有久站不卧和久卧不站现象，但不出现前肢下跪后肢移动良久才卧下现象
牛肠阻塞	二者均表现吃草、反刍减少或废绝，拳搡右肷有晃水音	牛肠阻塞病例病初有腹痛，不排粪而排白色胶冻样黏液，叩诊剑状软骨部位无疼痛
牛皱胃溃疡	二者均表现吃草、反刍减少或废绝，体温稍升高	牛皱胃溃疡病例在右腹软肋后按压有痛感（剑状软骨处叩诊无痛感），粪便无论干稀均为黑色

1）加强饲养管理工作，防止饲料中混杂金属异物。

2）建立定期检查制度。特别是对饲养场的牛群，可请兽医应用金属探测器进行定期检查，必要时再应用金属异物摘除器，从瘤胃和网胃中摘除异物。

（1）手术疗法　创伤性网胃炎，在早期如无并发症，可采取手术疗法，施行瘤胃切开术，从网胃壁上摘除金属异物，同时加强护理。

（2）保守疗法　将病牛立于斜坡上或斜台上，保持前躯高后躯低的姿势，减轻腹腔脏器对网胃的压力，促使异物退出网胃。同时应用磺胺类药物，按每千克体重 0.07 克，内服；或用青霉素 300 万国际单位和链霉素 3 克，分别肌内注射，连续用药 3 天。

也可用特制磁铁经口投入网胃中，吸取胃中金属异物，同时应用青霉素和链霉素，肌内注射。

此外，加强饲养和护理，使病牛保持安静，先绝食 2~3 天，其后给予易消化的饲料，并适当应用防腐止酵剂、高渗葡萄糖或葡萄糖酸钙溶液，静脉注射，增强治疗效果。

8. 牛创伤性心包炎

牛创伤性心包炎是牛因异物刺激心包引发炎症，以心区疼痛、听诊心音时有拍水声或摩擦音、浊音区扩大为特征。

病因分析

1）误食缝针、铁丝等异物，当尖头向前、网胃收缩时穿透膈伤及心包。

2）牛角、弹片、尖器、锐利物体伤及心包。

3）呼吸道、肺、胸膜、心肌发炎时继发创伤性心包炎。

4）一些传染病（传染性胸膜肺炎、脓毒败血症等）也易继发创伤性心包炎。

临床症状

体温 39~40℃，有时可达 41℃，心跳加快（80~100 次 / 分钟），听诊心音初期有拍水音，随后有摩擦音，心浊音区扩大。后期渗出液增多时则听不到拍水音，心音转为微弱，犹如很远处传来的细小声音。呼吸增数。眼结膜充血、潮红，静脉瘀血时发绀。

吃草、反刍废绝，瘤胃蠕动音减弱，站立时左肘向外展，行走小心、走下坡路时痛苦而走上坡路时痛苦减轻。卧时很小心，站立时肘部肌肉震颤，磨牙。

病程长时胸前、腹下有水肿，有时可厚达 3~5 厘米。

图 7-22　病牛心包积聚混浊渗出物

病理变化

心包、心肌、心内膜充血、出血，心包积聚有大量渗出液，有时有纤维渗出物，甚至恶臭脓液（图 7-22）。有的心包与心脏、胸膜粘连。创伤性心包炎在心包上、心包内或心肌内可发现缝针、细铁丝或金属尖状异物（图 7-23）。有的心肌有直径 1 厘米左右的空腔，内有生锈的缝针。

图 7-23　病牛心包感染灶和铁丝

病名	与牛创伤性心包炎的相似点	与牛创伤性心包炎的不同点
牛创伤性网胃炎	二者均表现吃草、反刍减少或废绝，立时肘外展、懒于行走，下坡痛苦而上坡减轻，肘部肌肉震颤，卧下极小心	牛创伤性网胃炎病例叩诊剑状软骨后部有疼痛，叩诊心区不痛，听诊心音无拍水音
牛前胃弛缓	二者均表现吃草、反刍减少或废绝，有时磨牙，瘤胃蠕动减弱	牛前胃弛缓病例心音无拍水音，叩诊心区不疼痛
牛心肌炎	二者均表现体温稍高，食欲废绝，心跳加快，肘外展，叩诊心区疼痛，站立不愿卧	牛心肌炎病例心音无拍水音或心音弱小似远处传来的症状
牛胸腔积水	二者均表现呼吸浅表，心音弱	牛胸腔积水病例体温不高，叩诊心区无痛感，叩诊胸部有水平浊音并随体位移动而改变，胸部穿刺有液体流出
牛胸膜炎	二者均表现体温升高（39~40℃），弛张热，肘外展，听诊心音减弱，叩诊心区疼痛	牛胸膜炎病例叩诊不仅心区且胸部也有疼痛感，听诊胸廓有摩擦音，但无拍水音，叩诊有水平浊音，胸部穿刺有液体流出

拌草料时用绑有磁铁的木棒拌草料以吸取铁针、铁丝。在运动或放牧时防止心区被冲撞。

（1）**保守疗法** 治疗原则为消炎、止痛、利尿、增加营养。

1）青霉素1600万国际单位，0.9%生理盐水200毫升，静脉注射，每天1次，连续3~5天。

2）10%安钠咖10毫升、5%地塞米松磷酸钠25毫升、5%安乃近40毫升、10%葡萄糖500毫升、5%维生素 B_1 30毫升、5%维生素C 30毫升，每天1次，连续3~5天。

3）肌内注射安痛定链霉素、青霉素，每天2次，连续3天。

4）灌服健胃止痛药，如1次性灌服200克人工盐、200片食母生（干酵母）、100片大黄苏打片、30片安乃近，每天2次，连续3天。

采取以上治疗方法，病牛的症状会相应减轻，甚至逐渐好转，此时则要向网胃内投入吸铁器用于吸铁。

（2）**手术疗法** 本病通常采用手术疗法。病牛可采用心包切开术、切除肋骨开胸术进行治疗，大部分都能够康复。病牛手术最好尽早进行，以增加生存的机会。如果病牛出现明显心衰和严重的腹侧水肿，则不适合手术。

9. 牛瓣胃阻塞

牛瓣胃阻塞（瓣胃秘结）是由于牛瓣胃的收缩力量减弱，食物排出作用不充分，通过瓣胃的食糜积聚，不能后移，充满瓣叶之间，水分被吸收，内容物变干而致病。其临床特征为瓣胃容积增大、坚硬，不排粪便，腹部胀满。

（1）原发性阻塞 主要见于长期饲喂麸糠、粉渣、酒糟等含有泥沙的饲料，或粗纤维坚硬的甘薯蔓、花生秧、豆秸、青干草、红茅草及豆荚、麦糠等。特别是铡短草喂牛，为本病的主要病因之一。其次，由放牧转变为舍饲，或饲料突然变换，饲料质量低劣，缺乏蛋白质、维生素及微量元素，或因饲养不规范，饲喂后缺乏饮水及运动不足等都可引起发病。

（2）继发性阻塞 常见于皱胃阻塞，皱胃变位，皱胃溃疡，腹腔脏器粘连，生产瘫痪等。

发病初期，呈现前胃弛缓，食欲不定或减退，便秘，粪成饼状（图7-24），瘤胃轻度臌胀，瓣胃蠕动音微弱或消失。于右侧腹壁瓣胃区（第7~9肋间的中央）触诊，病牛感到疼痛。叩诊浊音区扩张，精神迟钝，时而呻吟；泌乳量下降。稍后精神沉郁，反应减退，鼻镜干燥、皲裂，空嚼、磨牙，呼吸浅表、疾速，心脏机能亢进，脉搏数增至80~100次/分钟。食欲、反刍消失，瘤胃收缩力减弱，频频举尾，直肠空虚（图7-25）。晚期病例，瓣叶坏死，伴发肠炎和全身败血症，体温升高至40.5~41℃，食欲废绝，排粪停止，或排出少量黑褐色藕粉样具有恶臭黏液。尿量减少，呈黄色，或无尿。呼吸疾速，心悸，脉搏数可达100~140次/分钟，脉律不齐，微循环障碍，结膜发绀，形成脱水与自体中毒现象。体质虚弱，神情忧郁，卧地不起，病情显著恶化。

图7-24 病牛排出干性粪便，粪成饼状

图7-25 病牛举尾，直肠空虚

剖检可见瓣胃干硬（图7-26），瓣胃内有干硬内容物（图7-27），瓣胃内部分黏膜脱落（图7-28）。

图 7-26　病牛瓣胃干硬　　　图 7-27　病牛瓣胃内有干硬内　图 7-28　病牛瓣胃内部分黏
　　　　　　　　　　　　　　　　　　　容物　　　　　　　　　膜脱落

类症鉴别

病名	与牛瓣胃阻塞的相似点	与牛瓣胃阻塞的不同点
牛前胃弛缓	二者均表现吃草、反刍减少或废绝，左肷下陷，瘤胃蠕动弱，磨牙	牛前胃弛缓病例不出现鼻镜皲裂，不出现瘤胃反复臌胀，在右侧最后肋弓上方、腰椎横突下方向里向下按压不能触及圆球形硬块
牛皱胃阻塞	二者均表现吃草、反刍减少或废绝，粪量少、呈黑色球	牛皱胃阻塞病例所排粪球或稀粪均为黑色，掰开粪球内部也为黑色，阻塞时软肋下方可触及硬块，如扩张则硬块在软肋后方至膝襞，直肠检查时手心向瘤胃，手背可触及硬块

预防措施

　　本病的预防，在于避免长期应用麸糠及混有泥沙的饲料喂养，同时注意适当减少坚硬的粗纤维饲料。铡草喂牛，也不宜将饲草铡得过短，糟粕饲料不宜长期饲喂过多，注意补充含矿物质的饲料，并给予适当运动。发生前胃弛缓时，应及早治疗，以防止发生本病。

治疗方法

　　本病多因前胃弛缓而发病，治疗原则应着重增强前胃运动机能，促进瓣胃内容物排出，增强治疗效果。

　　初期，病情轻的，可用硫酸镁或硫酸钠 400~500 克，常温水 8000~10000 毫升，或液状石蜡 1000~2000 毫升，或植物油 500~1000 毫升，1 次内服。同时应用 10% 氯化钠溶液 100~200 毫升、20% 安钠咖注射液 10~20 毫升，静脉注射，增强前胃神经兴奋性，促进前胃内容物运转与排出。病情严重的，同时可应用士的宁 0.015~0.03 克皮下注射。但需注意，体弱牛、妊娠母牛、心肺功能不全病牛，忌用这些药物。

　　瓣胃注射，可用 10% 硫酸钠溶液 2000~3000 毫升、液状石蜡 300~500 毫升、普鲁卡因 2 克、盐酸土霉素 3~5 克配合，1 次瓣胃内注入。注射部位在右侧第 9 肋间与肩关节水平线相交点略向前下方刺入 10~12 厘米，判明针头已刺入瓣胃时，方可注入。

病牛有肠炎或全身败血症现象时，可根据病情发展，应用撒乌安注射液 100~200 毫升，静脉注射，同时尚须注意及时输糖补液，防止脱水和自体中毒，以缓和病情。

10. 牛皱胃变位

牛皱胃变位是皱胃的自然位置发生改变的疾病。分左方变位和右方变位 2 种。左方变位是皱胃通过瘤胃下方移行到左侧腹腔，嵌留在瘤胃与左腹壁之间。右方变位又叫皱胃扭转，可进一步分为前方变位和后方变位：前方变位是皱胃向前方（逆时针）扭转，嵌留在网胃与膈肌之间，后方变位是皱胃向后方（顺时针）扭转，嵌留在肝脏与右腹壁之间。临床上以右方变位为多见。

病因分析　干奶期精料、玉米青贮喂量过高；妊娠后期，子宫逐渐膨大，皱胃逐渐向前及腹腔左侧推移到瘤胃左方；双胎、胎衣不下、产后瘫痪和酮病均可导致皱胃弛缓，促使本病的发生；而母牛发情时的爬跨，使皱胃位置暂时由高抬随即下降而发生改变，也可成为发病的诱因。

临床症状　本病多发于高产牛。病牛食欲减退，有的拒食精料，尚能采食少量的青贮和干草，精神沉郁，体温、呼吸、脉搏正常，粪少、呈糊状，因瘤胃被挤于内侧，故在左腹壁出现"扁平状"隆起（图 7-29~ 图 7-31）。由于消化紊乱，病牛呈渐进消瘦，衰竭无力，喜卧而不愿走动，后期卧地不起。

图 7-29　病牛皱胃左方变位，左侧下腹部明显膨大，排出糊状粪便

图 7-30　病牛皱胃左方变位，左侧脓空窝塌陷

图 7-31　病牛皱胃左方变位，左侧腹中部膨隆

病名	与牛皱胃变位的相似点	与牛皱胃变位的不同点
牛癫痫	二者均表现消化功能紊乱，拒吃精料，吃少量草叶，有酮尿，呼出气有酮味，泌乳量下降	牛癫痫病例呈现顽固性的前胃弛缓，并常有异食癖，吃污秽不洁的垫草等；病牛可出现神经症状，兴奋不安，吼叫，空嚼和频繁地转动舌头，无目的转圈运动和异常步样，头顶撞墙柱、饲槽，部分牛丧失视力，还有的出现瘫痪
牛创伤性网胃炎	二者均表现吃草、反刍减少或废绝，瘤胃蠕动音减弱	牛创伤性网胃炎病例体温升高，网胃触诊疼痛不安，抗拒检查；肘部外展，肌肉震颤，愿走软路不愿走硬路，愿上坡不愿下坡，卧时小心，前肢先跪，后躯左右移动后方卧下
牛皱胃阻塞	二者均表现右腹膨胀，粪发黑，腹痛，体温不高	牛皱胃阻塞病例右腹软肋下方至膝襞有硬块，听诊不出现钢管音和乒乓音
牛酮血病	二者均表现乳汁、呼气有酮味，腹痛	牛酮血病病例多因饲料中所含蛋白质、脂肪多于碳水化合物而发病，多数嗜睡，左肷部不显膨大

预防
措施

加强围产期母牛的饲养管理。严格控制干奶期母牛精料的饲喂量，保证充足的干草，增加运动以增强体质，防止母牛肥胖。对产后母牛，应加强监护，精料应逐渐增加，不能为催乳而过度加料，为了保证消化机能尽快复原，要保证干草供给。对有消化机能降低的病牛应及时治疗，尽快使之康复。

治疗
方法

（1）**非手术疗法** 即翻滚法。将牛四蹄捆缚住，腹部朝上，猛向右滚又突然停止，以期皱胃自行复原。也有使病牛右侧横卧，滚转成背卧式，以牛背为轴心，向左、向右呈 90 度角反复摇晃，时间为 3 分钟左右，然后突然停止晃动，使牛呈左侧横卧姿势，再成胸卧式，最后使牛站立。翻滚前 2 天禁食、停水，使瘤胃体积缩小。

（2）**手术疗法** 即切开腹壁，整复移位的皱胃。

11. 牛皱胃炎

牛皱胃炎是由于饲养管理不善引起消化不良、导致皱胃发炎，多见于犊牛和成年牛，衰弱的老牛也易发生。

病因
分析

1）饲料粗硬未泡软、生霉腐败，未经充分咀嚼即经网瓣孔进入皱胃，长期刺激皱胃黏膜。

2）犊牛补饲过早，奶牛缺乏蛋白质、维生素。

3）饲料突变，放牧转为舍饲，经常更换饲养员，牙齿磨灭不正，扰乱消化机能，消化不充分而刺激引发炎症。

4）有毒植物中毒、自体中毒、化学物质的刺激引发炎症。

5）某些传染病、寄生虫病、肝脏疾病、慢性病等也能引起皱胃炎症。

（1）急性　体温稍升高，吃草、反刍减少或废绝，瘤胃蠕动减弱，有轻度臌胀，磨牙。自右肋弓向里按压，皱胃敏感（避让、踢腹），粪有时干如球、覆有黏液，有时粪稀。严重时腹痛，下痢，心跳加快，衰弱，甚至昏迷及卧地四肢呈游泳状。

（2）慢性　长期消化不良，异食癖，口腔黏膜苍白黄染，舌苔发白、甘臭，瘤胃蠕动弱，粪干成球。后期贫血，衰弱，精神沉郁，腹泻，甚至昏迷。

皱胃内容物有的仅有少量，有的充满。有大量带血色黏液。急性，黏膜充血、出血、肿胀、混浊，被覆一层黏稠透明黏液或黏液脓性分泌物（图7-32）。黏膜皱襞特别是幽门区呈弥漫性或局限性血色浸润或红色斑点，胆囊有出血点。慢性，黏膜呈灰青、灰黄或灰褐色甚至大理石色，并发现有血斑或溃疡。黏膜组织具有萎缩或肥厚性炎性变化。

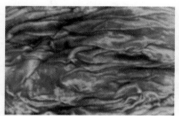

图7-32　病牛皱胃黏膜充血、出血、肿胀

病名	与牛皱胃炎的相似点	与牛皱胃炎的不同点
牛前胃弛缓	二者均表现吃草、反刍减少或废绝，瘤胃蠕动减弱	牛前胃弛缓病例右肋弓后向里按压疼痛
牛皱胃溃疡	二者均表现吃草、反刍减少或废绝，瘤胃蠕动减弱，按压有疼痛，粪干或下痢	牛皱胃溃疡病例无论粪球或稀粪均呈黑色，球内也呈黑色（潜血）
牛瘤胃酸中毒	二者均表现吃草、反刍减少或废绝，瘤胃蠕动减弱，有时排稀粪	牛瘤胃酸中毒病例因过食富含碳水化合物饲料而发病；站立不稳，好卧，瘤胃及尿pH在6以下，瘤胃内容物有酸臭味
牛皱胃阻塞	二者均表现吃草、反刍减少或废绝，瘤胃蠕动减弱，粪量少，有时粪干如球，有时粪稀	牛皱胃阻塞病例右软肋下方或至膝襞前有大硬块，无论干稀粪均呈黑色

注意饲养管理，不喂粗硬、霉败饲草，如需变更饲料应逐渐进行，不要骤换。牙齿、齿槽或前胃有病时应及时治疗，避免引发本病。

对病牛主要是进行消炎（实践中服药常不能保证进入皱胃而以注射药物为好）。

1）用土霉素粉 5 克、0.9% 氯化钠注射液 200 毫升，1 次瓣胃注射。

2）用盐酸四环素 250 万 ~300 万国际单位、20% 安钠咖注射液 10~20 毫升、40% 乌洛托品注射液 20~40 毫升、5% 葡萄糖生理盐水，1 次静脉注射。

3）如已绝食，用 25% 葡萄糖 500 毫升、20% 安钠咖注射液 10~20 毫升、20% 维生素 C 6~8 毫升静脉注射；如已数天不吃，每次可加氨基酸 500~1000 毫升；如脱水，加含糖盐水 3000 毫升。

12. 牛肠套叠

一段肠管伴同肠系膜套入邻接的其他段肠管，导致局部瘀血和坏死，称为肠套叠。轻度套叠者，在 1~2 天自然恢复而痊愈，或发生永久性肠管粘连而致肠狭窄。重度套叠者，如不早期施行手术，在数天内便死亡。

本病常发生于冬季，且主要为犊牛，哺乳犊牛容易发生，由于母乳浓稠或变质，引起消化不良；或吃食冰冻饲料和饮水。成年牛的发生，可能由于肠道内寄生虫的侵袭或过度饥饿等原因。

套叠多见于小肠，一般为突然发生。病牛食欲废绝，表现不安，腹痛发作时踢腹，摇尾，不断起卧，后肢站立时背部低沉，特别是胸腰椎关节部分。在肠管瘀血和坏死时，腹痛减轻，甚至消失。病牛精神委顿与虚脱。通常体温正常，肠坏死及腹膜炎时可有升高，脉搏增数（80~120 次 / 分钟）。呼吸数正常，但有喘息现象。瘤胃收缩力减弱，蠕动减少或停止。一般排尿正常，如为后部小肠套叠，不久排粪停止；如为十二指肠套叠，肠管排泄物减少，但在相当长时间内还可见到一些排粪。约 12 小时以后排粪才停止。这时直肠内发现有少量松馏油样物质或浓稠黏液。直肠检查，大多数病牛在右腹腔稍后部可摸到一种香肠状的块状物。

剖检可见套叠部位，腹腔内见有少量红色腹水（图 7-33~ 图 7-35）。

图 7-33　肠套叠模拟图

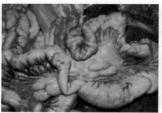

图 7-34　右下方的两段肠套叠

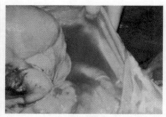

图 7-35　病牛腹腔内有少量红色腹水

类症鉴别

病名	与牛肠套叠的相似点	与牛肠套叠的不同点
牛肠阻塞	二者均表现疝痛，绝食，眼结膜充血，肠音废绝，不排粪	牛肠阻塞病例，直肠检查时，在肠的不同部位有粪结块
牛肠扭转	二者均表现疝痛，绝食，眼结膜充血，肠音废绝，不排粪	牛肠扭转病例，直肠检查时，在左腹侧可摸到扭转的肠管
牛肠缠结	二者均表现疝痛，绝食，眼结膜充血，肠音废绝，不排粪	牛肠缠结病例，直肠检查时，肠系膜根下方有缠结，触之有疼痛

防治措施

对病牛应加强饲养管理，合理使役。轻度肠套叠可能自行恢复，严重肠套叠在早期确诊后应进行手术整复。如果已达 4~5 天，由于这时肠管坏死，只能做病部肠切除术。

13. 牛肠扭转

肠管本身呈纵轴扭转，称为肠扭转。本病在耕作役牛屡有发生，但奶牛少见。扭转部位多数在空肠，特别在接近回肠部位的空肠，但也见于十二指肠肝门曲部和升部。

病因分析

肠扭转一般继发于肠痉挛、肠臌气、瘤胃臌气，在这些疾病中肠管蠕动增强并发生痉挛收缩，或因腹痛引起牛打滚旋转，或瘤胃臌气，体积增大，迫使肠管离开正常位置，各段肠管互相扭转缠叠而发病。

临床症状

病牛突然呈现腹痛现象。腹痛时蹴踢腹部，背下沉，走路小心，有时呻吟。肩部和前肢发抖，废食。初期有排粪，以后停止。不见排尿，反复起卧经半天至 1 天后，卧地不愿再起立，头经常回顾腹部，急性阶段维持 8~10 小时，病牛卧地不起。此时妨碍直肠检查，必须使其站立检查才能摸到扭转部。扭转部的前段肠管中由于含有大量液体和气体而呈现明显膨胀，但后段肠管细软和空虚。若直肠检查发现皱胃扩张及临床呈现脱水，则考虑为十二指肠肝门曲部阻塞。这种阻塞开始时呈急性腹痛，数小时后消失。若发现右腹腔后方有高度膨胀的囊状盲端，则考虑为盲肠扭转（图7-36、图7-37），其时常呈现碱中毒和低钾血症。

图 7-36　肠扭转模拟图

肠扭转

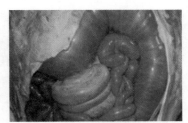

图 7-37　盲肠扭转，盲肠膨胀，肠腔积气

病名	与牛肠扭转的相似点	与牛肠扭转的不同点
牛前胃弛缓	二者均表现吃草、反刍减少或废绝，瘤胃柔软，蠕动弱，精神差	牛前胃弛缓病例在右腹侧揉之无晃水音，无疼痛，不排白色黏液
牛肠阻塞	二者均表现吃草、反刍减少或废绝，瘤胃柔软，蠕动弱	牛肠阻塞病例拳揉右胁有晃水音，排白色胶冻样黏液；右胁下不会触及有疼痛的硬块

药物治疗可在腹痛阶段给予镇静剂，早期确诊后宜立即进行手术疗法，纠正肠管位置。肠管严重瘀血、坏死及粘连者，则必须进行肠病部切除术。

14. 牛胃肠炎

牛胃肠炎是胃与肠道黏膜及黏膜下深层组织的重剧炎症过程。胃和肠道的器质性损伤与功能紊乱，极易互相影响，因此，胃与肠道的炎症往往同时发生或相继发生。

原发性多为饲喂品质不良的饲料，如霉烂的饲料、霜冻的块根饲料、有毒饲料，以及长途运输、过度劳役、风吹雨淋等。

继发的原因多为胃肠性疝痛、前胃弛缓、创伤性网胃炎等，以及发生于某些传染病和寄生虫病过程中，如巴氏杆菌病、沙门菌病、钩端螺旋体病、牛副结核等传染病，以及牛蛔虫病等。

轻度胃肠炎仅表现为消化不良及粪便带黏液。重度的胃肠炎由于黏膜下组织损害，粪便中可发生特殊的变化。发生初期，精神沉郁，拒食但喜饮水，黏膜潮红，口中有臭味，不安，轻微腹痛，脉搏增数，呼吸加快，心音亢进，体温升高。剧烈腹泻是肠炎的主要症状（图7-38），重症则表现为里急后重现象，排出的粪便有腥臭味，其中并混有黏液、血液或坏死的组织碎片。肛门松弛，有时排粪失禁。严重的腹泻可引起脱水及酸中毒。表现为眼球下陷，面部呆板，皮肤弹性丧失，腹部紧缩，尿少色黄，血液浓稠，四肢末端发凉，极度衰竭，卧地不起，呈昏睡状态。

剖检可见胃肠黏膜充血、出血、糜烂，脾脏肿大等（图7-39~图7-45）。

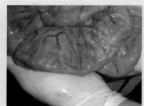

图7-38　病牛腹泻呈喷射状

图7-39　一般性胃肠炎，小肠出血，肠壁变薄

图7-40　副结核病引起的胃肠炎，小肠壁充血、增厚、凹凸不平

图7-41　沙门菌病引起的胃肠炎，肠壁变薄、透明

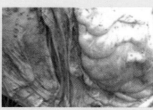

图7-42　沙门菌病引起的胃肠炎，肠系膜淋巴结肿大

图7-43　链球菌病引起的胃肠炎，肠腔内有血凝块

图7-44　大肠杆菌病引起的胃肠炎，皱胃黏膜水肿

图7-45　大肠杆菌病引起的胃肠炎，肠管黏膜出血

病名	与牛胃肠炎的相似点	与牛胃肠炎的不同点
牛中毒性胃肠炎	二者均表现腹泻	牛中毒性胃肠炎病例发病急速，食欲废绝，粪便中常有血液，腹痛较重，呼吸困难，流涎，体温不高，并伴有神经症状，如行步摇摆、运动失调、肌肉发抖、全身痉挛、瞳孔散大、昏迷麻痹
牛传染病继发的胃肠炎	二者均表现剧烈腹泻，粪便有时有黏液、血液或坏死组织片，腹痛	牛传染病继发的胃肠炎病例是传染病继发的，常呈地方性流行，多数牛患病，并具有原发病的流行特征和症状特点

加强饲养管理，喂给优质饲料，合理调制日粮，不突然更换饲料，防止牛过劳和感冒，及时治疗容易继发胃肠炎的原发病。

首先消除病因，加强护理，绝食 1~2 天，以后喂给少量柔软且易消化的饲料。

在病初或排恶臭稀便时，排粪并不通畅，应清理胃肠。一般用硫酸钠、硫酸镁或人工盐 300~400 克，加鱼石脂 15~20 克，酒精 80~100 毫升，常温水 4~5 升，1 次内服；或用液状石蜡 500~1000 毫升，松节油 20~30 毫升，1 次内服。

当肠内容物已基本排空，粪的臭味不大但仍腹泻不止时，可以进行止泻。一般用木炭末 100~200 克，常温水 1~2 升，1 次内服；或用 0.1% 高锰酸钾溶液 3~5 升，1 次内服，每天 1~2 次，连用 2~3 天。

消炎措施应贯穿于整个疗程。一般可用磺胺脒 15~25 克，每天 3 次，首次量加倍，连用 2~3 天；或用小檗碱 4~8 克，每天 3 次灌服，连用 2~3 天。

如有脱水和酸中毒，可用 5% 葡萄糖生理盐水 3000~5000 毫升或复方氯化钠 2000 毫升，维生素 C 2 克，混合静脉注射，接着再注射 3%~5% 碳酸氢钠 500~1500 毫升。

15. 牛肠秘结

由于肠道运动机能降低，肠内容物大量停滞，肠管充血和扩张，排粪停止，出现腹痛，称为肠秘结。肠秘结一般见于成年牛，其中老年牛发病率较高。发生部位可在结肠、盲－结口、十二指肠、空肠和回肠，也有发生在盲肠的。

役用牛肠秘结大多数发生在冬季，是单纯饲喂富含粗纤维饲料（山芋藤、豆秸、棉秆、花生秸和麦秸等）。夏季发生时，一般由于劳役过度、体弱及仍饲喂干稻草之故，也有一些水牛，在夏季从未劳役，但到种植第 2 季的双季稻时持续劳役 2~3 天后，1 次饱食青草而发生结肠秘结。也有一些是因舐毛而毛球进入肠道或过食稻谷或铡短的麦秸而引起。某些肠道寄生虫如绦虫、蛔虫（图 7-46）等阻塞，也可继发本病。

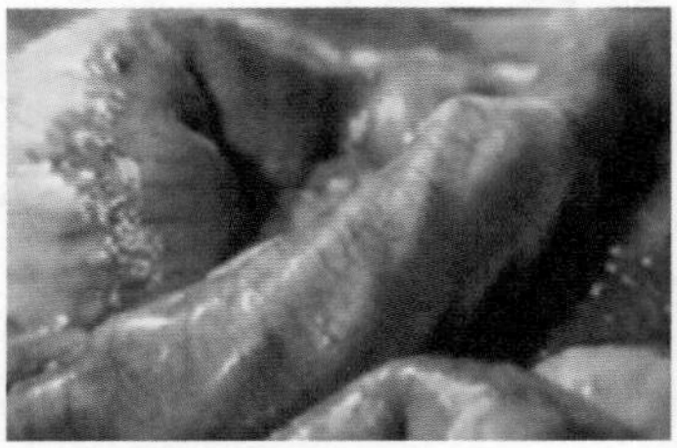

图 7-46　蛔虫阻塞

奶牛肠秘结，由于长期饲喂大量浓质饲料而使肠负担过重，或由于饱食而又不经常运动导致肠弛缓所致。新生犊牛由于胎粪在分娩前已积聚肠道，可在出生后发生秘结。个别奶牛是由于腹部肿瘤、某些腺体肿大、肝脏疾病导致胆汁排出减少等而发生。

临床症状

病牛食欲减退或废绝，排粪减少。鼻镜干燥，体温不增高。开始腹痛轻微，但呈持续性，以后腹痛加剧，频频屈肢呈蹲伏姿势，甚至卧地不起。然而，一般有临床症状的病例，因多数已进入中后期，往往腹痛已消失，瘤胃轻度臌气，脉搏加快，呼吸浅表，皮温不整。直肠检查，肛门紧缩，直肠黏膜干而腻，在直肠壁上附着干燥、碎小的粪屑。进入直肠深部，手指染有薄层稠厚的黏液。若秘结存在于十二指肠肝门曲部，虽然摸不到秘结部，但可发现瘤胃液增多和皱胃臌胀。若秘结在结肠，手指可触到右侧下腹部肠盘增大。若在盲肠基部积粪，表明盲 – 结口便秘，很可能回盲瓣也阻塞，可感觉回肠末段变粗大而充气，游离程度也降低，触诊时病牛疼痛。

类症鉴别

病名	与牛肠秘结的相似点	与牛肠秘结的不同点
牛前胃弛缓	二者均表现体温不高，吃草、反刍废绝，瘤胃蠕动音弱或无，有波动，懒于走动	牛前胃弛缓病例能排粪，不排白色黏液，不出现疝痛，右肷无晃水音
牛瓣胃阻塞	二者均表现吃草、反刍减少或废绝，疝痛，排黏液	牛瓣胃阻塞病例腰椎横突下方向里向前按压可触及硬圆球，扩张时肋弓后缘可触及圆硬块；能排少量粪便，粪球中心为黄色，所排黏液为黄褐色
牛肠扭转	二者均表现吃草、反刍减少或废绝，瘤胃柔软，有波动感，蠕动弱，疝痛，揉右肷有晃水音	牛肠扭转病例常在右肷下部（自肋弓到膝襞前），可触到拳头大的硬块并有痛感

预防措施

经常供给多汁的块根和青绿饲料，粗纤维饲料必须在合理搭配的情况下喂给，喂料要定时、定量。役用牛必须合理使役，奶牛应给予适当运动。

治疗方法

在进行药物治疗的同时，不断供给饮水，停食 1~2 天，然后喂一些容易消化的青绿饲料。进行直肠灌洗，中西医治疗均以泻下为主，并适当补液。

对一般秘结，用硫酸钠（或硫酸镁）500~1000 克，配制成 8% 溶液 1 次灌服，并用 10% 硫酸钠（或硫酸镁）或温肥皂水 15000~30000 毫升深部灌肠。

对顽固性秘结投服液状石蜡 1000 毫升。新生犊牛秘结，由直肠内注入 60~100 毫升液状石蜡或 30 毫升甘油，几小时 1 次。

如经上述治疗仍不见排粪者，应进行剖腹、破结。结肠盘秘结时，在剖腹后，通过肠外直接按摩，并局部注入生理盐水或液状石蜡。小肠秘结时，一般做肠切开术取出结块，如肠管严重坏死或肠粘连，必须做肠切除术。

16. 牛腹膜炎

牛腹膜炎是由于腹膜受到病原微生物的侵害，或由腹腔内器官炎症蔓延，或腹壁受创伤感染，引起腹膜发生局限性或弥漫性的炎症。

病因分析

1）因尖锐异物（针、铁丝）刺透网胃或瓣胃（多在瘤胃、网胃、瓣胃三角区）引起局部发炎或化脓，继而感染腹膜。

2）腹腔手术污染腹腔。

3）子宫、直肠穿孔或破裂。

临床症状

多为慢性，体温稍增高，精神沉郁，腹壁敏感，久站不想卧下，卧时小心，久卧又不想站起，步行小心，拱背，四肢集于腹下，眼球下陷，有时表现疼痛、呻吟，食欲、反刍减退或废绝，瘤胃蠕动音减弱或废绝。随着病程延长，腹腔渗出物（纤维素、液体）增加，腹围逐渐增大（图 7-47），触诊腹壁柔软有波动，用拳揉左右腹壁均有晃水音，腹壁穿刺（剑状软骨后方 10~15 厘米，白线右侧 2~3 厘米）有腹水流出。

图 7-47　病牛腹围增大

病理变化

腹膜充血、潮红、粗糙，腹腔中有混浊的渗出液，混有纤维蛋白絮片（图 7-48）。腹膜面覆盖纤维蛋白膜（图 7-49），腹膜与各脏器相互粘连。胃肠破裂或穿孔所致的腹膜炎，腹腔内有食糜或粪便。化脓性腹膜炎，有脓性分泌物。腐败性腹膜炎，有恶臭的渗出物。慢性腹膜炎，结缔组织增生，纤维蛋白机化，形成带状或绒毛状的附着物，与邻近内脏器官粘连。

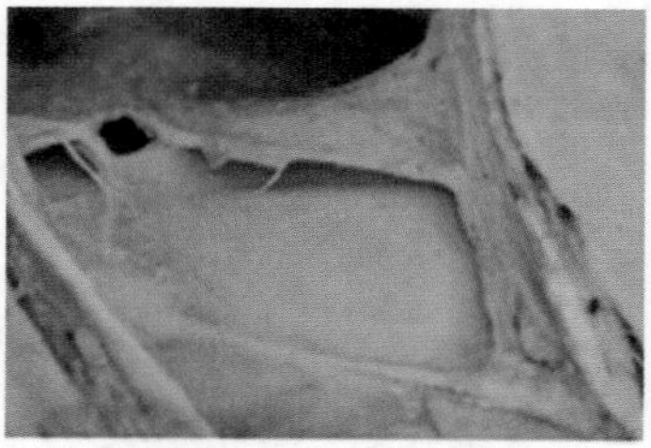

图 7-48　病牛腹腔中有混浊的渗出液，混有纤维蛋白絮片

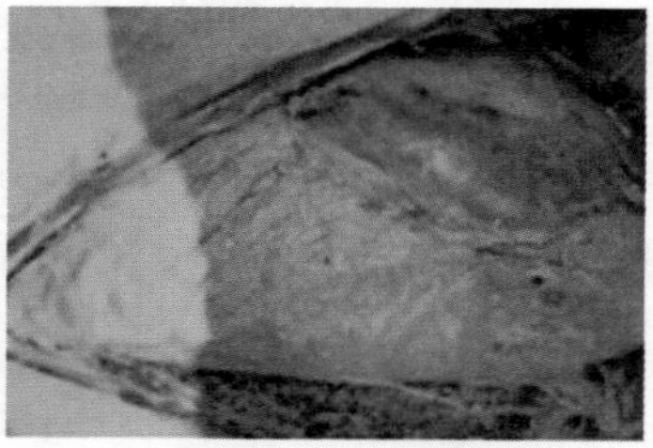

图 7-49　病牛腹膜面覆盖纤维蛋白膜

类症鉴别

病名	与牛腹膜炎的相似点	与牛腹膜炎的不同点
牛瘤胃炎	二者均表现卧时小心，久站不愿卧，久卧不愿站，食欲、反刍减退或废绝，瘤胃蠕动音减弱，肷部触诊敏感，行走小心	牛瘤胃炎病例左肷触诊敏感，右肷不敏感，搡左右肷均无晃水音
牛创伤性网胃炎	二者均表现食欲、反刍减退或废绝，瘤胃蠕动音减弱，难于卧起，小心行走	牛创伤性网胃炎病例一般左右腹不敏感，仅剑状软骨部敏感，饮冷水时肘至髻甲被毛逆立，金属探测器有反应
牛创伤性心包炎	二者均表现食欲、反刍减退或废绝，瘤胃蠕动弱，卧时及运步小心	牛创伤性心包炎病例心区叩诊敏感，听诊心音时有拍水音，病久垂皮、腹下有水肿
牛膀胱破裂	二者均表现食欲、反刍减退或废绝，左右肷搡之有晃水音	牛膀胱破裂病例有 24 小时不见排尿，直肠检查摸不到膀胱。

预防措施

喂牛时注意饲草中混有铁针等。对因尿道阻塞而形成的膀胱膨满不要直肠放尿，母牛分娩时防止子宫破裂。腹腔手术时防止污染，如腹腔器官发炎时及早治疗，避免引起腹膜炎。

治疗方法

（1）腹壁有外伤穿创　局部剪毛用双氧水（过氧化氢）洗后再用苯扎溴铵洗净。

（2）防止腹腔污染　用油剂青霉素 300 万国际单位进行腹腔注入。

（3）腹膜弥漫发炎　用松节油涂擦腹壁。

（4）腹水　穿刺腹水，并注入青霉素和普鲁卡因。并用毒毛旋花苷 K（每毫升含

0.25 克）10 毫升肌内注射，每天 1 次，或呋塞米 10 毫升肌内注射，连用 5~7 天。或用氢氯噻嗪 0.5~2 克口服，12 小时 1 次，连用 3~4 天后，停药 2 天再服。

17. 牛感冒

牛感冒是以上呼吸道黏膜炎症为主症的急性全身性疾病。早春、晚秋天气多变时易发，无传染性。

病因分析 因受寒而引起，如寒夜露宿、久卧凉地、贼风侵袭、冷雨浇淋、风雪袭击等，均可引起发病。

临床症状 常在寒冷因素作用后突然发病。病牛精神沉郁，食欲减退或废绝，反刍减少或停止，鼻镜干燥，时常磨牙。体温升高，脉搏增数，呼吸加快。结膜潮红，畏光流泪（图 7-50）。咳嗽，流水样鼻液（图 7-51）。肺泡呼吸音增强，有时可听到湿啰音。口色青白，舌质微红，有薄层舌苔。瘤胃蠕动音减弱，粪便干燥。

图 7-50　病牛鼻镜干燥，结膜潮红，畏光流泪　　图 7-51　病牛流水样鼻液

类症鉴别

病名	与牛感冒的相似点	与牛感冒的不同点
牛支气管炎	二者均表现体温突升至 40℃ 左右，食欲减退，流鼻液，咳嗽	牛支气管炎听诊肺有啰音，病初有阵发性短促干咳，而后变湿咳，随后显呼吸困难；剖检支气管黏膜充血，产生红色斑块或条纹，黏膜上附有黏液，黏膜下有水肿
牛肺丝虫病	二者均表现精神沉郁，呼吸急促，咳嗽	牛肺丝虫病病例在频繁而痛苦的咳嗽中，常咯出含有成虫、幼虫及虫卵的黏液团块；病料镜检可发现虫体

病名	与牛感冒的相似点	与牛感冒的不同点
牛蛔虫病	二者均表现精神沉郁，呼吸快，咳嗽	牛蛔虫病发生率很低，病牛一般体温不高，食欲时好时坏，有时呕吐、流涎、下痢；粪检可见虫卵
牛肺腺样瘤病	二者均表现咳嗽，呼吸困难，流鼻液	牛肺腺样瘤病的病原为牛肺腺瘤病毒；病牛低头时流大量鼻液（肺水肿）；剖检可见肺有灰白色小结节，切开流水；琼脂扩散试验可验证病毒

预防措施　加强耐寒锻炼，增强机体抵抗力。注意天气变化，做好御寒保温工作，防止突然受凉。

治疗方法　应让病牛充分休息，保证饮水，喂给易消化的饲料。

及时应用解热剂，一般可口服阿司匹林 1~25 克；肌内注射 30% 安乃近或安痛定。

为防止继发感染，应配合应用抗生素或磺胺类药物。

排粪迟滞时，可应用缓泻剂；为恢复胃肠功能，可应用健胃剂。

18. 牛鼻旁窦炎

本病是鼻旁窦感染而发炎，常出现化脓。

病因分析
1）鼻炎向里蔓延。
2）曾见上臼齿脱落，饲草进入上颌窦、额窦引发。

图 7-52　病牛鼻腔流出浆液性鼻液

临床症状　呼吸有鼾声，病侧流恶臭鼻液，捏健康鼻孔病侧不透气，鼻旁窦叩诊浊音，如未化脓，则鼻液浆性（图 7-52）。

类症鉴别

病名	与牛鼻旁窦炎的相似点	与牛鼻旁窦炎的不同点
牛肺坏疽	二者均表现流恶臭鼻液，呼吸音粗似鼾声	牛肺坏疽病例体温稍高，有咳嗽，两鼻均流鼻液，镜检鼻液中有弹力纤维
牛鼻炎	二者均表现流鼻液	牛鼻炎流鼻液病例鼻液无恶臭，鼻旁窦叩诊不显浊音
牛喉囊贮脓	二者均表现呼吸困难，有鼾声，一侧流鼻液	牛喉囊贮脓病例病侧下颌可摸到皮下稍肿，有波动，鼻旁窦叩诊无浊音

不用有麦芒的麦秸喂牛，防止刺伤感染发病，对病牛可手术治疗。

1）在鼻旁窦部位剪毛消毒。

2）如鼻旁窦未化脓，每天或隔天用0.1%依沙吖啶冲洗。

3）如已化脓，用药匙挖出大部分后再用依沙吖啶冲洗。如为稀脓，冲洗不能由鼻孔排出，用护耳球吸取脓液后再冲洗。如仍不通（可能有絮块阻塞），用人用导尿管通向鼻腔，并用注射器将消毒液从导尿管注入冲洗，而后每天或隔天冲洗。

4）如因鼻腔不通气形成呼吸困难，行气管切开术，一般3~5天后即可去掉气导管。

19. 牛支气管炎

牛支气管炎是气管、支气管黏膜表层或深层的炎症。临床上以咳嗽、流鼻液、不定热型和支气管啰音为特征。多发生于早春、晚秋及天气多变的时候，犊牛更易发病。

本病的发病原因，有原发性和继发性两种。

（1）原发性支气管炎　主要由于受寒感冒引起。早春、晚秋气温多变，或汗后受寒冷风雨吹淋，寒夜露宿，贼风侵袭，皆能降低机体的抵抗能力而招致本病。

吸入异物，如烟尘、霉菌孢子、粉碎饲料、麦花粉，刺激性气体（氨、氯毒气等）均可引起急性支气管炎。另外厩舍通风不良、闷热及投药方法不当和吞咽障碍，均为支气管炎的诱因。

（2）继发性支气管炎　多见于某些传染病和寄生虫病，如流感、传染性支气管炎、肺丝虫病的经过中。

支气管炎有急性和慢性之分。急性支气管炎先有干咳，咳嗽频繁，伴有疼痛，后转为湿性长咳，出现支气管啰音。初期体温轻度升高0.5~1℃，一昼夜间升降不定。若蔓延成弥漫性支气管炎（炎症侵害到所有支气管），体温持续升高，脉搏加速，出现明显的呼吸困难（图7-53），并出现细支气管啰音及细捻发音，精

图7-53　病牛呼吸困难

神沉郁，食欲减退或废绝，反刍减少或停止，泌乳量降低。在病的经过中，初期流浆液性鼻液，后变为黏液性或黏液脓性鼻液。

病名	与牛支气管炎的相似点	与牛支气管炎的不同点
牛喉炎	二者均表现体温升高（40℃），咳嗽，有鼻液，听诊有啰音	急性牛喉炎病例喉有肿胀、热痛，捏喉部即咳
牛气管炎	二者均表现咳嗽，听诊有啰音	牛气管炎病例手捏气管时即现咳嗽反应，肺部听到的啰音在气管部也能听到
牛支气管肺炎	二者均表现体温升高（40~41℃），咳嗽，有鼻液，听诊有啰音	牛支气管肺炎病例体温较高，呈弛张热，肺音稍粗；病程延长、分泌较多时叩诊有浊音区，听不到呼吸音
牛网尾线虫病	二者均表现初干咳后湿咳、逐渐频繁，听诊肺部有啰音，有鼻液	牛网尾线虫病病例贫血，消瘦，从鼻液、粪便中可检出幼虫

预防措施

加强御寒保温工作，防止各种理、化因素的刺激，保护呼吸道的防御功能。及时治疗容易继发支气管炎的各种疾病。

治疗方法

首先对病牛加强护理。厩舍要清洁、通风、保温，喂以柔软、易消化、无尘土的饲料。适当运动，多晒太阳，勤饮清水。

对频发咳嗽的病牛可用镇咳药。氯化铵 20 克、碘化钾 2 克、远志末 30 克、温水 500 毫升，1 次内服。

病牛频发痛咳、分泌物不多时，可选用镇痛止咳剂。如磷酸可待因 0.2~2 克、温水 500 毫升，1 次内服。

为消除炎症，可应用抗生素或磺胺类药物。如青霉素、链霉素各 100 万 ~200 万国际单位，肌内注射；10% 的磺胺嘧啶钠溶液 100~150 毫升，静脉注射，每天 2 次，连用 2~3 天。

当发生呼吸困难时，可用氨茶碱 1~2 克，1 次肌内注射。

20. 牛支气管肺炎

支气管肺炎也叫小叶性肺炎，是支气管和肺小叶群同时发生的炎症。

病因分析

寒冷感冒是引起支气管肺炎的主要原因。因寒冷在外、冷雨淋漓、贼风吹袭，皆能降低机体抵抗力，因而病原菌乘机侵害，损伤组织而发生本病。

支气管肺炎可见于流行性感冒、牛恶性卡他热、传染性支气管炎、口蹄疫等病的过程中。

病初牛呈现支气管炎症状，随着病情的发展，多数肺泡群出现炎症时，全身症状加重，精神沉郁，食欲、反刍减少或消失，眼结膜潮红，脉搏加快，每分钟可达80~120次。

呼吸困难，次数增多，每分钟可达40~60次。呼吸困难程度视肺部发炎面积大小而不同，发炎面积越大，呼吸越困难，张口伸舌，鼻端呈节律性运动。体温高达39.5~41℃，呈弛张热。

图7-54　病牛鼻腔流出黏液性鼻液

在病的初期和末期鼻液较多，由于病变的程度不同，常为黏液性或黏液脓性，有时混有血液（图7-54）。

肺部听诊，在病灶部位，病初肺泡呼吸音减弱，可听到捻发音。以后由于炎性渗出物性状改变，可听到湿性啰音，当各小叶肺炎灶互相融合、肺泡及细支气管内充满渗出物时，则肺泡呼吸音消失。

剖检可见肺小叶性灶。当肺小叶发生化脓性肺炎时，化脓灶呈弥漫性、黄豆大小（图7-55）。切开化脓灶，流出白色黏稠脓汁。

图7-55　病牛肺小叶化脓灶

病名	与牛支气管肺炎的相似点	与牛支气管肺炎的不同点
牛大叶性肺炎	二者均表现体温升高（40~41℃），先干咳后湿咳，流鼻液，听诊有啰音	牛大叶性肺炎病程分4个时期：充血期胸部叩诊清音，呼吸音增强，有干啰音，干咳、痛咳；红色肝变期至灰色肝变期呼吸音减弱，有湿啰音、捻发音，肺有浊音，流锈色或黄红色鼻液；至溶解期湿啰音增多，湿咳，随后渗出液减少，湿啰音减少，有捻发音，最后消失
牛支气管炎	二者均表现体温升高（40~42℃），咳嗽，流鼻液，肺部听诊有干啰音、湿啰音，呼吸增数	牛支气管炎病例不发高热，有剧烈咳嗽，鼻液灰白或带黄色。咳嗽时流出量增多，X射线检查肺纹理较粗但无炎性病灶
牛传染性胸膜肺炎	二者均表现体温升高（40~42℃），呈稽留热，流鼻液，咳嗽	牛传染性胸膜肺炎病例具有传染性，其病原为丝状支原体。病牛呼吸有吭声，胸部叩诊有疼痛，不愿卧下，垂皮、胸前水肿，胸部听诊有摩擦音，便秘与下痢交替发生

病名	与牛支气管肺炎的相似点	与牛支气管肺炎的不同点
牛巴氏杆菌病	二者均表现体温升高（40~42℃），呼吸急促、困难，咳嗽，流鼻液	牛巴氏杆菌病病例具有传染性，其病原为巴氏杆菌；病牛叩诊胸部有疼痛和浊音，不愿卧下，咽喉型喉部肿胀、热痛，流涎，流泪，皮肤黏膜发绀，舌伸出口外，头颈伸直
牛流行热	二者均表现体温升高（40℃以上），呼吸增数、急促，听诊肺音粗，流鼻液	牛流行热病例具有传染性，其病原为牛流行热病毒；病牛眼结膜充血、肿胀，四肢关节疼痛、有跛行
牛副流感	二者均表现体温升高（41℃），呼吸快，咳嗽，肺部（尤其是前下部）听诊有啰音	牛副流感病例具有传染性，其病原为牛副流感病毒；病牛有脓性结膜炎，流泪多，有的有腹泻，有的腿软弱
牛网尾线虫病	二者均表现咳嗽，流鼻液，听诊有啰音	牛网尾线虫病病例具有流行性，其病原为网尾线虫；病牛体温不高，消瘦，贫血，血液、粪便检查可见幼虫

预防措施

加强饲养管理，防止受寒感冒，避免因机械性和化学性因素的刺激。若患支气管炎时，应及时治疗。怀疑由传染病因素引起的，应进行隔离观察，以防传染和蔓延。

治疗方法

本病治疗原则是注意护理，消除炎症，祛痰止咳，以及制止渗出和促进炎症性渗出物的吸收和排出。

消除炎症可用青霉素 320 万国际单位、链霉素 2~3 克，肌内注射，每 8~12 小时 1 次，连用 2~3 天；或用 10% 磺胺嘧啶钠或 10% 磺胺二甲嘧啶 100~150 毫升，肌内注射，每天 1 次，连用 2~3 天。也可用青霉素 320 万国际单位，溶于 15~20 毫升蒸馏水中，缓慢向气管内注射。

制止渗出，可用 10% 氯化钙 100~200 毫升，静脉注射，每天 1 次。

病牛呼吸困难，可肌内注射氨茶碱 1~2 克；或用 3% 过氧化氢 500 毫升，25% 葡萄糖 1500 毫升，静脉点滴注射。

为防止自体中毒，可用樟脑酒精溶液 100~200 毫升，每天 1 次。为增强心脏机能，可用强心剂，如 20% 安钠咖、10% 樟脑磺酸钠等。

21. 牛胸膜炎

牛胸膜炎是伴有渗出液与纤维蛋白沉积的胸膜炎症，主要特征是胸腔内含有纤维蛋白性渗出物。

1）急性原发性胸膜炎少见，胸膜挫伤、胸壁穿创、穿胸术、胸腔肿瘤易引发本病。

2）吸入性肺炎、犊牛地方性流行性肺炎、腹膜炎、创伤性心包炎、肋骨胸骨骨折、骨疽、骨坏死、化脓性肺炎、脓毒症、出血性败血症、急性关节风湿病、胸部食管穿孔等都可继发本病。

3）胸膜炎的主要病原是巴氏杆菌、结核分枝杆菌、化脓杆菌、支原体及纤毛菌等。

临床症状

初期精神不振，毛蓬乱，食欲不佳，震颤。体温达 39~40℃，弛张热，化脓时更高。肘外展，多站立不愿卧下，不愿走动。有的咳嗽，叩诊胸部疼痛，咳嗽加剧，胸廓下部水平浊音，浊音上部鼓音，听诊有摩擦音。渗出物增多则消失，有时可听到拍水音，并出现呼吸困难（图 7-56）。白细胞增多、核左移，胸腔穿刺可流出浅黄色渗出液，如胸膜已化脓坏死，则流出腐臭脓液。食欲变化无常，消瘦，心音减弱，常有蛋白尿、渗出液开始吸收后尿量增加。

图 7-56　病牛被毛蓬乱，食欲不佳，震颤，呼吸困难

病理变化

胸膜潮红、粗糙而干燥（水肿、充血、变厚），而附着层疏松而撕碎的蛛网状的纤维蛋白膜，胸腔有大量含有纤维蛋白块的混浊液，胸膜的脏层和壁层粘连，肺的腹侧面衰萎、暗红（图 7-57）。

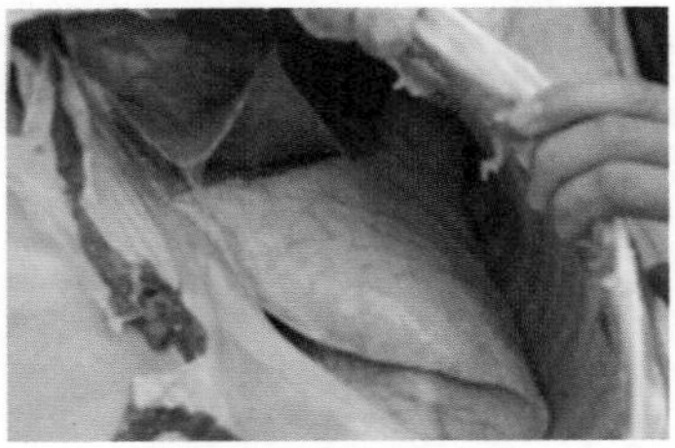

图 7-57　病牛水肿、充血、变厚，壁层与脏层粘连

慢性时有的肉芽大量增生，有的胸膜上形成纤维蛋白性结缔组织。壁层与脏层或膈粘连。

类症鉴别

病名	与牛胸膜炎的相似点	与牛胸膜炎的不同点
牛传染性胸膜肺炎	二者均表现体温升高（40~42℃），呼吸困难，胸部叩诊疼痛，有水平浊音，听诊有摩擦音，胸腔穿刺有液体流出	牛传染性胸膜肺炎的病原为丝状支原体；病牛体温较高，呈稽留热，流浆液性脓性鼻液，垂皮、胸前水肿
牛胸腔积水	二者均表现呼吸困难，胸部叩诊有水平浊音，身体移动水平位置也移动，胸腔穿刺有液体流出	牛胸腔积水病例体温不高，听诊无摩擦音，叩诊无疼痛

防治措施 注意饲养管理，防止胸受创伤，发现本病后迅速治疗。原则是制菌消炎，制止渗出，促进排泄。

1）用10%酒精或芥子泥（芥子末加温水调成糊状）涂于胸壁，减轻胸膜炎症。

2）青霉素、链霉素各200万国际单位，肌内注射，每天2次，连用5~7天。或青霉素200万国际单位、10%磺胺嘧啶钠100毫升、5%葡萄糖500毫升、10%安钠咖30毫升，静脉注射，每天2次，连用5~7天。

3）若胸腔积水太多、呼吸困难严重，要进行胸腔穿刺放水。

22. 牛中暑

牛中暑是日射病和热射病的统称，常在酷暑盛夏季节突然发病。

病因分析 在炎热季节，牛的头部受到强烈日光的直接照射，引起脑及脑膜充血和脑实质的急性病变，发生日射病；在潮湿闷热的环境中，机体散热困难，体内积热，引起中枢神经系统的功能紊乱，发生热射病。

临床症状 病牛精神沉郁或兴奋。运步缓慢，体躯摇晃，步样不稳。全身出汗，体温高达42℃以上，体表烫手。脉搏增数，达100次/分钟以上。呼吸高度困难，张口伸舌，呼吸数多达80次/分钟以上，肺泡呼吸音粗。结膜潮红，流水样鼻液，口干舌燥，食欲废绝，饮欲增加。后期，高热昏迷，卧地不起，肌肉震颤，意识丧失，口吐白沫，结膜发绀，痉挛而死（图7-58）。

图7-58 病牛结膜潮红，呼吸困难，口干舌燥，食欲废绝，卧地不起，肌肉震颤

类症鉴别

病名	与牛中暑的相似点	与牛中暑的不同点
牛脑膜脑炎	二者均表现体温升高（40~41℃），精神沉郁，瞳孔反射机能消失，共济失调	牛脑膜脑炎病例发病不一定在炎夏烈日或闷热的情况下发生，兴奋时盲目前冲，跳槽逃窜
牛慢性脑室水肿	二者均表现精神沉郁，站立不稳，步态蹒跚，共济失调，意识、视力障碍	牛慢性脑室水肿病例体温不高，执拗笨拙，不易驾驭，有时转圈；黏膜不发绀，瞳孔时大时小，皮肤感觉迟钝，喝水时鼻入水中并有咀嚼动作
牛急性肺充血和肺水肿	二者均表现体温升高（40~41℃），呼吸困难，颈静脉怒张，惊恐不安，黏膜发绀	牛急性肺充血和肺水肿病例肘外展，头下垂；肺充血，叩诊肺上部呈清音，下部呈浊音，听诊肺泡音微弱或粗；肺水肿，叩诊呈浊音或半浊音，听诊有水泡音或捻发音

预防措施

在炎热季节，役用牛应早晚干活，中午休息，使役时也应多休息勤饮水，在烈日下作业，应有遮阳设施。圈舍应宽敞，通风良好。车船运输，不可过于拥挤。经常洗刷牛体，保持凉爽清洁。

治疗方法

将病牛置于阴凉通风处，头放冰袋，冷水泼身，凉水灌肠，勤饮凉水。

维护心肺功能，可先注射强心剂，接着静脉放血 1~2 升，然后输注复方氯化钠液或生理盐水或平衡液 2~3 升。

纠正酸中毒，可静脉注射 5% 碳酸氢钠 500~1000 毫升。

降低颅内压，可静脉注射 20% 甘露醇或 25% 山梨醇 500~1000 毫升，或静脉注射 50% 葡萄糖 300~500 毫升。

病牛兴奋不安时，可用镇静剂。

病情好转而食欲不佳时，可应用健胃剂，如龙胆酊、大黄酊、人工盐等。

二、牛外科疾病

1. 牛创伤

牛体深部组织发生损伤，并伴有皮肤、黏膜破损叫创伤。创伤可分为新鲜创伤和化脓性感染创伤。新鲜创伤包括新鲜手术创伤和新鲜污染创伤，新鲜污染创伤是指伤后 12 小时以内，伤部虽被污染但还没有出现感染症状的创伤；化脓性感染创伤是指创内有大量细菌侵入，出现化脓性炎症的创伤。

病因分析

（1）**机械性损伤** 是机械性刺激作用所引起的损伤，包括开放性损伤和非开放性损伤。

（2）**物理性损伤** 由物理因素引起的损伤，如烧伤、冻伤、电击及放射性损伤等。

（3）**化学性损伤** 由化学因素引起的损伤，如化学性热伤及强刺激剂引起的损伤等。

（4）**生物性损伤** 由生物性因素引起的损伤，如各种细菌和毒素引起的损伤等。

临床症状

新鲜创伤的临床特点是出血、疼痛和创口裂开（图 7-59）。伤后时间较短，创内尚有血液流出或存有血凝块，且创内各部分组织的轮廓仍能识别，有的虽被严重污染，但未出现创伤感染症状。严重创伤有不同程度的全身症状。

化脓性感染创伤的特点是创面脓肿、疼痛，局部增温，创口不断流出脓汁或形成很厚的脓痂，有时出现体温升高（图7-60）。随着化脓性炎症的消退，创面出现新生肉芽组织，称为肉芽创。正常肉芽组织比较坚实，呈红色平整颗粒，表面附有少量黏稠的、灰白色的脓性物。

图 7-59　犊牛臀部创伤

图 7-60　病牛跟腱化脓性感染创伤

类症鉴别

本病外观症状明显，易与其他病相区别。

防治措施

新鲜创面，不必清洗，可用消毒纱布盖住创面，在创面周围剪毛，消毒后撒布消炎粉、碘仿磺胺粉及其他防腐生肌药。如有出血，应外用止血粉撒布创面，必要时可用安络血、维生素 K$_3$ 或氯化钙等全身性止血药，并用 3% 双氧水（过氧化氢）、0.1% 高锰酸钾溶液冲洗创面污物，然后用生理盐水冲洗，擦干，撒布药物。如创面大、创口深，撒布上述药物后要进行缝合。

化脓性感染创伤应先扩创排脓，剪掉或切除坏死组织，然后用 3% 双氧水（过氧化氢）、0.1% 高锰酸钾或 0.1% 的苯扎溴铵等冲洗创腔。最后用松碘流膏（松榴油 15 克、5% 碘酊 15 毫升、蓖麻油 500 毫升）纱布条引流。有全身症状时可适当选用抗菌消炎类药，并注意强心解毒。

肉芽创伤应先清理创围，并用生理盐水冲洗。然后局部选用刺激性小、能促进肉芽组织和上皮生长的药物，如松碘流膏、3% 甲紫等。肉芽组织赘生时，可用硫酸铜腐蚀，也可用烙烧法去除赘生肉芽。

2. 牛挫伤

牛挫伤是机体局部受到钝性暴力（如打击、冲撞、角撞、跌倒于硬地等）作用而引起的损伤，局部皮肤无伤口。

图 7-61　病牛前肢挫伤

（1）轻度挫伤　最初肿胀常不明显或有轻微的局限性水肿，以后由于急性炎症的结果，肿胀坚实而明显，比周围组织的温度稍高，有一时性的疼痛。

（2）严重挫伤　受伤部迅速肿胀，疼痛剧烈，有时受伤部周围组织出现无热、无痛的水肿。当组织遭受挫伤而发生坏死时，则可出现感觉丧失现象。发生于四肢的挫伤，常因疼痛而出现功能障碍（图 7-61）。

本病存在明显的致病因素，外观症状明显，易与其他病相区别。

主要是消除肿、痛。先剪毛消毒，防止感染。然后根据情况适当选用下列方法：

1）用酒精、白酒、陈醋或樟脑酒精，擦敷患部。

2）用醋或酒精调制的栀子粉等涂于患部。

3）若肿胀明显，可于患部涂布速效跌打膏。

4）急性炎症初期，可采用普鲁卡因封闭疗法或应用冷敷法和冷水浴法，必要时可加压迫绷带。

5）在炎症的中、后期可用温敷法、红外线疗法和激光照射。

3. 牛脓肿

各种化脓菌通过损伤的皮肤或黏膜进入体内而发生。常见的原因是肌内或皮下注射时消毒不严；刺激性注射液（如氯化钙、水合氯醛等）漏于皮下；尖锐物体的刺伤或手术时局部造成污染等所致。

（1）**浅在脓肿** 病初局部增温，疼痛，呈显著弥漫性肿胀（图7-62）。以后肿胀逐渐局限化，四周坚实，中央软化，触之有波动感，渐渐皮肤变薄，被毛脱落，最后破溃排脓。

（2）**深在脓肿** 局部肿胀常不明显，但患部皮肤和皮下组织有轻微的炎性肿胀，有疼痛反应，指压时有压痕，波动感不明显。为了确诊，可行穿刺。当脓肿尚未成熟或脓汁过分浓稠，穿刺抽不出脓汁时，要注意针孔内有无脓汁附着。

图7-62　病牛腹部皮肤脓肿

浅在脓肿、血肿、淋巴外渗，其外观都有肿胀，故在临床上应加以区别（表7-1）。

表7-1　浅在脓肿、血肿、淋巴外渗的区别

项目	浅在脓肿	血肿	淋巴外渗
病因	外伤后细菌感染、血源性细菌感染	外力作用（如挫伤）	常无原因，但多因外力引起淋巴管断裂
发生部位	颈、臂、胸、腹、乳房	胸前	腹部、乳房
肿胀	速度较慢	迅速	逐渐增大
局部温度	增温	增温	无增温
疼痛	明显	初期有疼痛	无疼痛
波动	初硬，后有波动	波动明显，具有弹性	波动明显，皮肤不紧张
界限	初期不明显，后期界限清楚	较小时呈局限性，大时呈弥漫性	界限明显
自溃	能	不能	不能
穿刺	脓汁	血液	橙黄色、透明液体
全身反应	深在性的有体温升高，食欲废绝	不明显	不明显
治疗	切开排脓	缓慢吸收，形成脓肿后按脓肿处理	注入95%酒精或酒精福尔马林液

病初，局部可用温热疗法，如热敷、蜡疗等，或涂布用醋调制的栀子粉等。同时，用抗生素或磺胺类药物进行全身性治疗。如果上述方法不能使炎症消散，可用

具有弱刺激性的软膏涂布患部，如鱼石脂软膏等，以促进脓肿成熟。当出现波动感时，即表明脓肿已成熟，这时应及时切开，彻底排出脓汁（注意不要强力挤压或擦拭脓肿膜，应使脓汁自然流出），再用 3% 双氧水（过氧化氢）或 0.1% 高锰酸钾溶液冲洗干净，涂布松碘油膏或视情况用纱布引流，以加速坏死组织的净化。

4. 牛蜂窝织炎

牛蜂窝织炎是皮下、筋膜下及肌间等处的疏松结缔组织的急性进行性化脓性炎症。以四肢部位较多见。

一般多由皮肤或黏膜微小创口的原发性感染引起，也可继发于脓肿或化脓创。

蜂窝织炎的临床症状相当明显，主要是患部增温、剧痛、肿胀、组织坏死和化脓、功能障碍，以及体温升高、精神沉郁、食欲减退等。

（1）**皮下蜂窝织炎**　病初局部呈急性炎症现象，出现热痛的急性肿胀。触诊肿胀部，初呈捏粉样，数天后变为坚实感，皮肤紧张，无移动性，界限清楚。四肢下部的蜂窝织炎有时可引起全肢弥漫性肿胀，功能障碍显著。随着炎症的发展，患部出现化脓性组织坏死、溶解，肿胀柔软而有波动。以后，患部皮肤破溃，流出脓汁，有的向深部扩散，引起深部蜂窝织炎。

（2）**筋膜下及肌间蜂窝织炎**　最常发生于前臂筋膜下、小腿筋膜下和股阔筋膜下疏松结缔组织。病初患部肿胀不显著，局部组织呈坚实性炎性浸润，热痛明显，功能障碍显著。随着病程的进展，炎症顺着肌间或肌群间疏松结缔组织蔓延。

患部肌肉肿大、坚实，界限不清，疼痛剧烈。以后，疏松结缔组织坏死、化脓，但由于筋膜的高度紧张，化脓后的波动现象常不明显。病程继续发展时，可出现广泛的肌肉组织坏死，如果向外破溃，则流出大量灰色或血样的稀薄脓汁。有时可引起关节周围炎、血栓性脉管炎和神经炎。

病名	与牛蜂窝织炎的相似点	与牛蜂窝织炎的不同点
牛脓肿	二者均表现肿胀、疼痛、化脓	牛脓肿病例肿胀面积不会迅速扩大，全身症状不明显

病名	与牛蜂窝织炎的相似点	与牛蜂窝织炎的不同点
牛恶性水肿	二者均表现体温升高，局部肿胀，肿胀发展迅速，初有热痛	牛恶性水肿病例具有传染性，肿胀初坚实、灼热、疼痛，后变为无热、无痛，手压柔软，触摸肿胀上方有轻度捻发音；切开肿胀部，皮下、肌肉有大量红褐色液体流出，混有气泡，气味腥臭，同时全身中毒症状加剧，表现呼吸困难，脉细数而快，不治疗多在 1~3 天内死亡

治疗方法

（1）**消散炎症**　患部剪毛清洗，涂布 5% 碘酊；早期应用抗生素或磺胺疗法。为防止酸中毒，可静脉注射 5% 碳酸氢钠 300~800 毫升，每天 1 次，连用 3~5 次；为防止病变部位的蔓延，用 0.5% 普鲁卡因加适量青霉素进行病灶周围封闭。

（2）**减轻组织内压**　应用上述疗法无效时，应早期切开患部组织，排出炎性渗出物。切开时，应根据具体情况掌握切口的深度、长度和数目。对浅在的蜂窝织炎，切开皮肤即可，深在的蜂窝织炎，则需切开筋膜及肌间组织。炎症蔓延很广时，可行多处切开。切开后，尽量排除脓汁，清洗创内，选择适当的药物引流，以后可按化脓创治疗。

5. 牛关节扭挫

牛关节扭挫是关节韧带、关节囊和关节周围组织的非开放性损伤。

病因分析

多数由于道路泥泞不平，滑走、跌倒或误踏深坑，奔走失足，跳越闪扭等引起。常发生于球节、肩关节、膝关节和髋关节等处。

临床症状

（1）**共同症状**　受伤当时出现轻重不一的跛行，站立时患肢屈曲或蹄尖着地，或完全不敢负重而提举，严重时卧地不起（图 7-63）。触诊患部有程度不同的热、肿、痛，仅关节侧韧带受伤时，于韧带的起止部出现明显的压痛点。患部被毛及皮肤常有逆乱、脱落或擦伤的痕迹。关节被动运动，使受伤韧带紧张时，

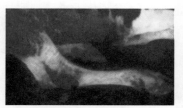

图 7-63　病牛后肢关节扭挫

出现疼痛反应；使受伤韧带弛缓时，则疼痛轻微。如果发现受伤关节的活动范围比正常时增大，则是关节韧带发生全断裂的现象。

（2）常见关节扭挫的特点

1）球节扭挫（系关节扭挫）：轻度扭挫，局部肿胀、疼痛较轻，呈轻度跛行；重度扭挫，病牛站立时，球节屈曲，系部直立，蹄尖着地，运步呈中度或重度跛行。触诊局部，疼痛剧烈，肿胀明显。

2）肩关节扭挫：患部肿胀，肩关节正常轮廓改变，触诊有热痛。站立时，多将患肢伸向前方，以蹄尖着地。重度挫伤时，患肢完全不敢着地。运步时，出现以悬跛为主的混合跛行。

3）膝关节扭挫：患肢提举悬垂或以蹄尖接地，呈混合跛行。触诊膝关节侧韧带，特别是股胫关节内侧韧带，常有明显肿痛。重度扭挫时，膝关节腔内因积聚大量浆液性渗出物或血液而显著肿胀。

4）髋关节扭挫（伤胯）：有时可因分娩、久卧不起或粗暴提举牛尾等而引起牛髋关节扭挫。站立时，患肢膝、附关节屈曲，若髋关节脱位，则荐骨下降而髂骨凸出；运步时步态不灵活，患肢外展，臀部摇摆；卧下后起立困难或不能起立；局部触诊或直肠内检查时有疼痛反应。

类症鉴别

病名	与牛肘关节扭挫的相似点	与牛肘关节扭挫的不同点
牛肱骨骨折	二者均表现臂部肿胀、热痛，跛行	牛肱骨骨折病例肿胀部位在肘关节的前上方，按压肿胀部、运动有骨质摩擦音
牛肘关节脱臼	二者均表现肘关节肿胀，跛行	牛肘关节脱臼病例虽关节稍肿胀，但无热痛，肘突能左右活动，皮肤无脱毛挫伤
牛腕前黏液囊炎	二者均表现腕部肿胀，脱毛	牛腕前黏液囊炎病例，肿胀部仅在关节前方，无热痛，无跛行
牛腕关节炎	二者均表现关节肿胀，有热痛，跛行	牛腕关节炎病例关节无脱毛和挫伤痕迹

治疗方法

（1）制止溢血　于伤后 1~2 天内，包扎压迫绷带或冷敷，必要时可注射止血药物，如 10% 氯化钙液、凝血质、维生素 K_3 等。

（2）促进吸收　急性炎症缓和后，应用温热疗法，如温敷、石蜡疗法、温蹄浴（40~50℃温水，每天 2 次，每次 1~2 小时），能使溢血较快吸收。如关节腔内积聚大量血液不能吸收时，可进行关节腔穿刺，排出腔内血液，缠以压迫绷带，但必须严格消毒，以防感染。

（3）**镇痛消炎**　可肌内注射安乃近、安痛定；患部涂布速效跌打膏，也可在患部涂擦轻度皮肤刺激剂，如 10% 樟脑酒精或碘酊樟脑酒精合剂（5% 碘酊 20 毫升、10% 樟脑酒精 80 毫升）；为了加速炎性渗出物的吸收，可适当进行缓慢的牵遛运动。

对重度扭挫有韧带、关节囊断裂或怀疑关节内骨折时，应装石膏绷带。

炎症转为慢性时，可用碘樟脑醚合剂（碘片 20 克、95% 酒精 100 毫升、醚 60 毫升、精制樟脑 20 克、薄荷脑 3 克、蓖麻油 25 毫升），涂擦患部 5~10 分钟，每天 1 次，连用 5~7 天。也可外敷扭伤散，口服跛行散。

6. 牛关节脱位

主要是由于牛受突然强烈外力的直接（跌倒、打击、冲撞、蹴踢等）或间接（滑走、蹬空，扭转、剧伸等）作用所引起。其次，某些传染病、代谢病或关节发育不良等，也可诱发本病。常见的有髋关节、膝盖骨、肩关节脱位。

（1）共同症状

1）关节变形：脱位关节的骨端向外凸出，在正常时隆起的部位变成凹陷。当关节被厚层肌肉覆盖或大面积肿胀时，关节变形常不明显。

2）异常固定：脱位的关节由于被周围软组织，特别是未断裂韧带的牵张，两骨端固定于异常位置，此时既不能自动运动，被动运动也显著受到限制。

3）肢势改变：一般在脱位关节以下的肢势发生改变，肢体被固定于内收、外展、屈曲或伸展等状态。

4）患肢延长或缩短：与健肢比较，一般不全脱位时患肢延长，全脱位时患肢缩短。

5）功能障碍：于受伤后立即出现，由于疼痛和骨端移位，患肢运动功能明显障碍或完全丧失。

（2）常见关节脱位的特点

1）髋关节脱位（脱胯）：牛的髋臼窝较浅，股骨头弯曲半径较小，且关节韧带不如其他大家畜发达，所以髋关节脱位较多见。全脱位时，突发重度混合跛行，患肢不能负重。由于股骨头脱出的方向不同，分为前方脱位、上方脱位、内方及后方脱位，牛多发生前方及上方脱位。

①前方脱位：股骨头脱出于关节窝的前方，大转子明显向前凸出。站立时患肢缩短，股骨几乎呈垂直状态，患肢外转，蹄尖向外而飞节端向内。运步时患肢拖拉前进。被动运动使患肢外展困难，内收容易，有时可听到骨的撞击声。有些病例常常不能站立。

②上方脱位：股骨头脱出于关节窝的上方，大转子明显向前上方凸出。站立时患肢明显缩短，呈内收或伸展肢势，患肢外旋，蹄尖向前外方，飞节较健侧高数厘米。运步时患肢拖曳前进，并向外划弧。被动运动，患肢外展受限，内收容易。

图7-64　病牛膝盖骨脱位

2）膝关节脱位（膝盖骨脱位）：依据脱位的方向，分为向上、向外及向内脱位，以上方和外方脱位较多发（图7-64）。

①上方脱位：膝盖骨转位于股骨内侧滑车嵴的顶端，被膝内直韧带的张力固定，不能自行复位，使膝关节固定成为伸展状态，不能屈曲。表现为患肢强拘，向后方伸张，虽加外力也不能使其屈曲。运步时，患肢以蹄尖着地，拖拉前进。触诊时，可发现膝盖骨向上方转位和膝直韧带过度紧张。如脱位的膝盖骨能自然复位，并反复发作，则为习惯性上方脱位。

②外方脱位：是因股膝内侧韧带被牵张或断裂，使膝盖骨固定于膝关节外上方所致。站立时，膝关节和跗关节均屈曲，患肢一般稍前伸；运步中，在患肢着地负重时，除髋关节外，所有关节均高度屈曲，类似股四头肌麻痹，呈典型的支跛。

触诊时，可发现膝盖骨向外方转位，在其正常位置处出现凹陷，同时膝直韧带向外倾斜。

3）肩关节脱位：站立时患肢伸向前方，以蹄尖着地；运步时患肢前进困难，肩关节不能屈伸，呈混合跛行；触诊肩关节部出现异常凹陷，空隙比正常时大。全脱位时，患肢短缩，臂骨头凸出于关节的前方或外方，关节活动时疼痛剧烈。

类症鉴别

病名	与牛膝关节脱位的相似点	与牛膝关节脱位的不同点
牛膝关节损伤	二者均表现关节屈曲，后肢拖曳而行	牛膝关节损伤病例膝关节肿胀、疼痛，膝盖骨不变位

病名	与牛膝关节脱位的相似点	与牛膝关节脱位的不同点
牛髋关节脱位	二者均表现站立时蹄尖着地，运动时后肢拖曳而行	牛髋关节脱位病例髋关节变形（肿胀或凹陷），膝关节运动自如，不出现膝关节脱位时的膝关节屈曲不能伸直或伸直不能屈曲症状
牛膝关节炎	二者均表现患肢站立时关节屈曲，蹄尖着地	牛膝关节炎病例膝关节肿大，有热痛
牛髋臼骨折	二者均表现髋关节活动异常，有骨折摩擦音，病肢外展，不能负重，运动时患肢拖曳而行	牛髋臼骨折病例有疼痛性肿胀；直肠检查，手按髋关节牵牛行走时手可感到髋关节有骨折摩擦音
牛髋关节炎	二者均表现站立时蹄尖着地，运动时患肢拖曳而行，髋关节有肿胀、疼痛	牛髋关节炎病例关节没有异常，关节没有变形和异常活动；站立时患肢部分屈曲，膝关节外转，跗跟端内转，病久肌肉萎缩

治疗方法

（1）**整复**　整复前先行麻醉（全身麻醉或传导麻醉）。整复时，先将脱位的远侧骨端向远侧拉开，然后将其还原于正常位置。整复正确时，则关节变形及异常症状消失，自动运动和被动运动有的可完全恢复。

整复髋关节脱位时比较困难，可试验性整复，助手用绳向前及向下牵拉患肢，术者用力从前方向后推压股骨头进行整复。

膝盖骨上方脱位的整复，可使病牛后退，趁膝关节伸展时，使其自行复位。无效时，可在患肢系部缚以长绳，再绕于颈基部，向前上方牵引患肢使膝关节伸展，同时术者用力向下方推压脱位的膝盖骨，使其复位。

整复膝盖骨外方脱位时，术者从前外方向前方推压膝盖骨即可复位。

对上述整复仍无效的脱位，可采取内膝直韧带切断术整复。

肩关节脱位，在整复前于患关节内注射2%盐酸普鲁卡因溶液20毫升，10分钟后进行整复。将牛放倒，患肢在上，把前后健康肢并拢捆缚，使患肢呈游离状。用2.5~3米长的木杠沿患肢纵轴放平，木杠下端固定在腕关节下端，即前臂部上面，使患肢略斜向后上方，1人用木槌捶打木杠上端，先轻后重，捶打5~6次即可整复。

（2）**固定整复后，为了防止再发，应及时加以固定**　可使病牛适当休息。或于关节周围组织内分点注射5%食盐水或33%酒精，以防诱发炎症，达到固定关节的目的。

7. 牛关节炎

牛关节炎是牛的关节滑膜层的渗出性炎症。其特征是滑膜充血、肿胀，有明显渗出，关节腔内蓄积大量浆液性或浆液纤维素性渗出物。多见于牛的跗关节、膝关节和腕关节。

多由各种机械性损伤引起，如在不平坦的牧地上放牧或在泥泞路上使役，跌跤、滑倒、冲撞、蹴踢等，均可致使关节扭伤或脱位，进一步继发本病。某些传染病（沙门菌病、布鲁氏菌病等）或其他疾病（风湿症、骨软病、犊牛脐炎等）也可继发本病。

（1）共同症状

1）急性关节滑膜炎：关节囊紧张膨大，向外凸出，呈大小不等的肿胀。触诊时波动，有热痛。被动运动患关节时疼痛反应明显。穿刺关节腔内液体比较混浊而稍带黄色，容易凝固。

站立时，患肢关节屈曲，减负体重。运动时，呈轻度或中度支跛或混合跛行。一般不显全身症状。

2）慢性关节滑膜炎：多由急性转变而来，也有的开始即取慢性经过。关节囊内蓄积大量液体，关节囊显著膨大。触诊时有明显波动，但无热、无痛。穿刺关节腔，关节液比正常时稀薄，无色或微带黄色，不易凝固，因此又称关节积水。多数病例无明显功能障碍，但关节活动不灵活，有的呈现轻度跛行。

若感染化脓时，全身症状明显，患病关节高度肿胀，热、痛、波动和功能障碍明显，关节囊穿刺可排出脓汁。

（2）常见关节炎的特点

1）跗关节炎：关节的外形改变，关节液增多，在关节前内面和跟腱两旁内外侧出现3个椭圆形凸出的柔软而有波动的肿胀（图7-65），交互压迫可感知其中的液体互相流动。

2）膝关节炎：关节外形粗大，关节囊紧张，在关节前面出现肿胀，于3条膝直韧带之间触压波动最明显。站立时患肢呈屈曲状态，以蹄尖着地负担体重。

图7-65　病牛关节外形粗大，关节囊紧张，在关节前面出现肿胀

运步时呈中度混合跛行或支跛。

3）腕关节炎：主要侵害桡腕关节。在副腕骨上方、桡骨与腕外屈肌之间出现圆形或椭圆形肿胀。患肢负重时肿胀膨满而有弹性，患肢弛缓时则肿胀柔软而有波动。站立时，腕关节屈曲，蹄尖着地。运步时呈混合跛行。

病名	与牛关节炎的相似点	与牛关节炎的不同点
牛关节囊炎	二者均表现关节肿胀、运动障碍	牛关节囊炎病例肿胀、柔软、有波动，热痛明显，患肢不能负重；如已化脓，针刺流脓液
牛风湿症	二者均表现开始运动时强拘、跛行，持续运动后跛行减轻或消失	牛风湿症病例关节不肿胀、坚硬，活动范围正常
牛骨软症	二者均表现关节肿大，运动强拘，起卧困难	牛骨软症病例腭狭窄，下颌支肥厚，吃草时多时少，吃草慢，咀嚼无力

1）对于急性炎症，初期应制止渗出，可应用冷却疗法，缠以压迫绷带；当炎性渗出物较多时，应促其吸收，可行温热疗法或装湿性绷带，如饱和盐水湿绷带或饱和硫酸镁溶液湿绷带、樟脑酒精绷带、鱼石脂酒精绷带或醋鱼石脂绷带等，1天更换1次。或涂布用酒精或樟脑酒精调制的淀粉和栀子粉，每天或隔天1次。

2）对于慢性炎症，可用碘樟脑醚合剂反复涂擦，随即温敷，或用四三一合剂（樟脑醑4份、氨溶液3份、松节油1份）涂擦。

3）当渗出液过多不易吸收时，可用注射器抽出关节腔内液体，然后迅速注入普鲁卡因青霉素溶液（温的2%~3%普鲁卡因10~30毫升、青霉素20万~40万国际单位），随即装热绷带。

4）无论急性还是慢性炎症都可应用0.5%氢化可的松10~40毫升，或2.5%醋酸氢化可的松2~10毫升于关节腔内或在患部皮下数点注射，每隔4~7天用药1次。还可配合全身治疗，如肌内注射抗生素、静脉注射10%氯化钙溶液等。

8.牛风湿病

中兽医称风湿病为痹症。现代医学认为风湿病是一种全身变态反应性疾病。常侵害肌肉、关节等部位。牛关节风湿病比较多见。

病因分析 风湿病的发病原因尚不十分清楚，一般认为与溶血性链球菌感染有关。久卧湿地、贼风侵袭、汗后受风或旋即下塘、暴饮冷水、夜受风寒、突遭雨淋等因素，均可诱发本病。

临床症状 病牛往往突然发病，体温升高，呻吟，食欲减退。患部肌肉或关节疼痛，背腰强拘，跛行，并随适当运动而暂时减轻。病牛喜卧，不愿走动。重者肌肉萎缩，感觉迟钝，失去使役能力。

类症鉴别

病名	与牛风湿病的相似点	与牛风湿病的不同点
牛软骨病	二者均表现运步不灵活，跛行，常卧地，不愿走动	牛软骨病病例表现消化紊乱，异食癖明显；腿颤抖，伸展后肢，做拉弓姿势；由于骨组织脱钙使骨变形甚至倒数第1、第2尾椎骨逐渐变小、变软，以至消失，肋骨与肋软骨结合部肿胀、易折断
牛关节炎	二者均表现关节肿大，触诊疼痛	牛关节炎病例关节热痛较重，运动中跛行不减轻而加重
牛破伤风	二者均表现运动强拘，四肢僵硬，行动不便	牛破伤风病例眼肌痉挛，腰脊僵硬，牙关紧闭，流涎，四肢强直呈"木马样"姿态
牛肌炎	二者均表现运动中有跛行，按压肌肉有疼痛	牛肌炎病例运动中跛行不减轻而加重

治疗方法 （1）**全身疗法** 常用10%水杨酸钠注射液200~300毫升，配以5%葡萄糖酸钙注射液200~500毫升，或0.25%普鲁卡因注射液200~300毫升，或0.5氢化可的松注射液100~150毫升，分别静脉注射，每天2次，连用5~7天。体温高者，可加用青霉素和维生素C注射液等。

（2）**局部疗法** 对慢性风湿病，可用酒糟热敷，方法是将酒糟炒热后装入麻袋，敷于患部；也可用醋炒麸皮（麸皮6千克、醋4.5升，充分混合，炒至烫手，装入麻袋）热敷。热敷时，需将牛拴在温暖圈舍内，使之发汗。

（3）**加强护理** 主要是避免受风、寒、湿侵袭。

9. 牛结膜炎

病因分析 牛结膜炎是指眼结膜受外界刺激和感染引起的炎症。通常由异物（尘土、麦芒等）、寄生虫（牛吸吮线虫），或因厩舍内不洁、熏烟、农药等刺激而发生，或并发于牛传染性角膜结膜炎、恶性卡他热等传染病过程中。

常一眼发生，如为双眼，则先后出现眼睑肿胀、畏光、流泪、敏感。结膜红肿，眼有浆液或黏液性分泌物与泪液一并流出或积于眼内角，严重时蔓延到角膜，发生角膜翳（图7-66）。水牛的结膜炎常波及球结膜，肿胀急剧，凸出于角膜外围，重时全部结膜水肿外翻，遮挡整个眼球，治疗失时转入慢性，因泪液及炎性分泌物不断地刺激眼睑皮

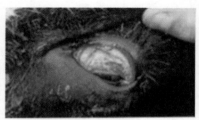

图 7-66　病牛结膜严重感染

肤，眼内外角下方发痒，被毛脱落，形成湿疹样皮炎。水牛外翻的结膜沾上污物、干燥和发痒，常以眼擦树、墙等而造成损伤，出血，以后由于结膜下结缔组织增生，结膜进一步凸出变硬和出现紫红色溃烂斑，表面坏死。此时炎症波及大部分角膜，出现角膜翳，视力减退。

病名	与牛结膜炎的相似点	与牛结膜炎的不同点
牛角膜炎	二者均表现畏光、流泪	牛角膜炎病例角膜混浊，四周有红晕
牛角膜溃疡	二者均表现畏光、流泪	牛角膜溃疡病例角膜混浊，且有凹陷溃疡
牛泪管吸吮线虫病	二者均表现结膜充血，畏光，流泪	牛泪管吸吮线虫病的病原为吸吮线虫，有流行性。患牛翻开眼睑可见到吸吮线虫活动
牛传染性角膜结膜炎	二者均表现结膜潮红，肿胀，畏光，流泪	牛传染性角膜结膜炎病例有传染性，角膜、瞬膜也同样发炎，角膜有白色或灰白色小点，有时眼前房积脓，病程长

保持厩舍清洁，麦收季节用1%盐水洗眼，可减少发病。

病初，用1%盐水、2%明矾水、2%硼酸液等洗眼，滴以青霉素鱼肝油（青油剂0.5毫升加鱼肝油9毫升左右）或金霉素、氯霉素、四环素可的松眼膏等任选1种点眼。较严重病例，用青霉素可的松液做球结膜下注射（每次用普鲁卡因2毫升、氢化可的松10毫克、青霉素水剂5万~10万国际单位），还可增加地塞米松1毫克，隔天1次，常有较好效果。转入慢性时先反复清洗外翻结膜上的污物，用剪刀修去坏死和增生组

织，再滴以上述消炎抗菌药物，如果没有增生，只需用 2%~5% 蛋白银液滴眼处理后装着眼绷带保护。

10. 牛角膜炎

病因
分析

角膜组织受到外伤（鞭伤、树枝碰伤等）、化学刺激（农药、强酸、强碱等）或结膜炎的蔓延，造成角膜炎。有时并发于牛传染性角膜结膜炎、恶性卡他热等传染病过程中。

临床
症状

轻度的角膜炎只有在斜光照射下发现角膜表面粗糙不平，透明的表面呈现浅蓝或蓝褐色，由外伤所致者，可见点状或条状伤痕，同时眼流泪、畏光、敏感，如能及时合理治疗，可痊愈而不遗留任何痕迹。炎症较重时角膜损伤部分先出现白色云雾状混浊，继而形成布有血管枝的白色不透明的瘢痕（角膜翳）。随着病程的延长，眼流泪、畏光、敏感等可以逐渐减退，但角膜却不断增

图 7-67　病牛眼角膜炎

厚，呈点、斑、条状，边缘清晰，有的还有新生血管伸入（图 7-67）。损伤部角膜可出现溃疡，视力常部分或大部分消失，严重的可发展为角膜穿孔，眼前房液流失，眼球前房凹陷，虹膜常和角膜或晶体粘连，视力丧失。

类症
鉴别

病名	与牛角膜炎的相似点	与牛角膜炎的不同点
牛结膜炎	二者均表现畏光、流泪，按压眼睑有痛感	牛结膜炎病例仅结膜红肿，角膜无混浊
牛黄曲霉毒素中毒	二者均表现角膜一侧或两侧混浊	牛黄曲霉毒素中毒病例因吃了黄曲霉污染的饲料而发病，还可出现腹水和间歇性腹泻，死亡率高

治疗
方法

轻者在早期应用四环素（或金霉素）可的松眼膏点眼，可痊愈。为防止虹膜粘连，应用 1%~2% 的阿托品滴眼。较重者通常以青霉素、1% 普鲁卡因、氢化可的松混合液隔天 1 次做球结膜下或睑结膜下注射，常有良好效果。陈旧的角膜翳常需持续长时期治疗。方法可用青霉素、1% 普鲁卡因、氢化可的松混合液或 2%~5% 碘化钾做球结膜下注射，首次 0.5~0.7 毫升，以后隔天 1 次，每次递增 0.1~0.2 毫升。4~5 次为 1 个疗

程。两疗程间应停药 5~7 天。角膜穿孔并化脓时，眼失明较难恢复，如为单侧性化脓性全眼球炎，可做眼球摘除术。

11. 牛直肠脱

直肠脱俗称"脱肛"，是指直肠的一部分或大部分经由肛门口向外翻转脱出的一种疾病。

病因分析　本病是一种继发症。当发生长期便秘、腹泻、慢性咳嗽、分娩努责、久卧不起、公牛配种、母牛阴道脱或刺激性药物灌肠后，都能促使腹内压增高而继发直肠脱。

临床症状　病牛病初时，于卧地或排粪后，直肠黏膜部分翻出于肛门外，脱出部柔软，轻度水肿，呈圆形、鲜红色，起立或便后即自行缩回（图 7-68、图 7-69）。久之，由于反复脱出，黏膜充血水肿，发炎，并逐渐丧失自行缩回能力而发生全层脱出。脱出部常被粪、尿、垫草等污染，呈暗红色。严重的病例，水肿加剧，黏膜表面干燥、发硬，呈污秽的暗紫色或灰褐色，糜烂出血、撕裂，甚至坏死穿孔。病牛排便时，常表现痛苦不安，弓背，后腿频频移动，不断努责，重症者有食欲减退症状。

图 7-68　病牛直肠脱

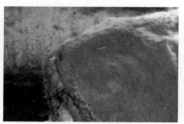

图 7-69　病牛直肠脱（细节）

类症鉴别

病名	与牛直肠脱的相似点	与牛直肠脱的不同点
牛子宫脱出	二者均表现尾根下部脱出一截圆柱状、潮红、水肿的凸出物	牛子宫脱出病例的圆柱状物脱出于阴门而不是肛门

治疗方法　首先应消除病因，如积极治疗便秘、腹泻、咳嗽、阴道脱等，并改善饲养管理，增补精料，这是预防发病和提高治疗效果的重要措施。治疗时间越早越好。

先以微温的消毒液如 2% 明矾、0.1% 高锰酸钾等洗净患部，并用湿毛巾或纱布块包裹温敷，轻轻压揉以促使消肿。

对症状轻的病牛，可在其没有努责时，将脱出部送入肛门内，在肛门周围进行袋状缝合，中央留有较宽的排粪孔，经4~5天如果不再努责即可拆线。脱出部表面溃烂、坏死者，用刀或剪刀尽量除去瘀膜，直至露出新鲜组织为止。如果黏膜严重水肿，可用针或小刀轻轻刺破黏膜浅层，放出液体后整复。

对黏膜水肿严重及坏死区域较广泛的病牛，可采用黏膜下层切除术。在距肛门周缘约1厘米处，环形切开达黏膜下层，向下剥离，并翻转黏膜层，将其剪除，最后在顶端黏膜边缘与肛门周缘黏膜边缘用肠线进行结节缝合。整复脱出部，在肛门口进行袋状缝合。

对脱出部裂口大而深、将发生或已发生穿孔者，可在硬膜外腔或尾骶（荐）麻醉下，进行直肠部分切除术。在靠近肛门处的外翻肠管上，分层环形切开直达套叠肠段内外二层的浆膜间，再从环形切口向下做一垂直切口，相交成T形，以利于外层病变肠管向下剥离翻转，结扎大的血管后，切除发生病变的下段肠管，将保留的内层直肠肠段末端的切口与肛门口原环形切口进行结节缝合，使创缘密接平整，最后整复入肛门内，一般7天左右拆线。

术后，将病牛拴于安静厩舍休息，喂以易消化的草料，增补精料，忌喂粗硬饲料，保持局部清洁。肛门口可用干净的热鞋底或装有炒热麸皮的布袋热敷，以消除水肿和炎症。如果努责严重，应进行尾骶（荐）封闭或氮氖激光照射。

12. 牛睾丸炎及附睾炎

病因分析

睾丸与附睾紧密相连，因此常同时发炎，本病临床上少见，多半发生于机械性损伤或泌尿生殖道化脓性疾病的蔓延，也可继发于结核病、布鲁氏菌病等过程中。

临床症状

一侧或两侧睾丸与附睾呈现不同程度的肿胀、温热与疼痛。由于疼痛，病牛不愿走动，站立时弓背和拒绝配种。有时肿胀很大，以致后肢外展或叉开站立，呈现运动障碍（图7-70）。急性时可能出现体温升高、呼吸快、食欲减退等全身症状。由结核分枝杆菌、布鲁氏菌引起者，睾丸硬固、隆起。发生化脓性感染时，

图7-70 病牛一侧睾丸肿大

阴囊皮肤紧张、发亮，总鞘膜腔内形成脓肿或破溃后形成瘘管。慢性时睾丸有时比正常稍小，肿胀坚实，常与周围组织相粘连。

类症鉴别 本病外观症状明显，易与其他病相区别。

治疗方法 对急性炎症应及时诊断、治疗，防止转化为慢性而造成睾丸萎缩或附睾阻塞。治疗原则是控制感染及预防并发症。24 小时内局部用冷敷，以后用温热疗法，涂樟脑或鱼石脂软膏，托起阴囊，促进血液循环。疼痛严重时，可用普鲁卡因青霉素进行精索封闭。睾丸严重肿大时，可用少量雌激素。有脓肿形成时，则切开排脓。当有全身症状时，加用抗生素及其他抗菌消炎药。

13. 牛豁鼻

病因分析 牛豁鼻是役用牛的常见病，常常因穿鼻太浅（穿孔位置太靠近鼻唇镜）、鼻栓结构不良或用铅丝、绳等拴鼻；牛性暴躁，使役时猛力拉绳等所引起（图 7-71）。

豁鼻侧面　　　　　　豁鼻正面

图 7-71　病牛豁鼻

修补术 用公母榫吻合术修复鼻的缺损，将牛站立保定，两侧眶下神经麻醉，各注射 2% 普鲁卡因 10 毫升，最好再用 0.5%~1% 普鲁卡因青霉素浸润两侧颊背神经的颊唇支（在缺损的上、下方游离端）。术式是先在上方游离端的正中部削成一个突出的公榫，再在下方游离端的正中部削成一个凹下的母榫，二者正好相对并互相嵌合，用二针埋藏缝合及三针结节缝合。术后 7 天内应戴上口笼，保护术部。一般在第 5 天拆除结节缝合，第 8~10 天拆除埋藏缝合（图 7-72）。

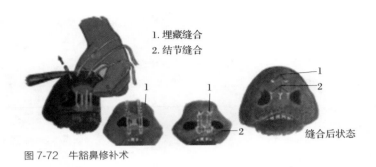

1. 埋藏缝合
2. 结节缝合

缝合后状态

图 7-72　牛豁鼻修补术

豁鼻修补成功的关键，在于扩大接触面、创面密接和增加供血面。因此，如采用三角插入成形术缝合法、搭桥式缝合法同样可收到满意的效果。

14. 牛腐蹄病

病因分析

腐蹄病的病因包括 2 个方面：一是饲养管理原因，饲料中钙、磷不平衡，致角质蹄疏松，蹄变形和不正；牛舍不清洁、潮湿，运动场泥泞，蹄部经常被粪尿、泥浆浸泡，使局部组织软化；石块、铁屑、坚硬的草木、玻璃碴等，刺伤软组织而引起蹄部发炎。二是由病原菌如节瘤拟杆菌、坏死杆菌等病原菌引起。在节瘤拟杆菌、坏死杆菌等病原菌协同作用下，可能产生明显的腐蹄病损害。一般认为，病原菌的存在是牛腐蹄病的主要根源，粪尿、泥泞促成蹄间腐烂，冻土片、碎石块、作物茬尖造成蹄间损伤，蹄冠周围有污物固着，形成缺氧的环境，均为发生本病的诱因。蹄球损伤、蹄间溃疡、皮炎、蹄角质过长等，均能促使本病的恶化。

临床症状

腐蹄病最初发生于蹄间裂的后面，逐渐向前扩展至蹄冠的接续部，向后扩延至蹄球，以至整个蹄间隙腐烂（图 7-73）。病初蹄间发生急性皮炎，局部皮肤潮红、肿胀。蹄底角质比较完整，叩诊蹄壁时可表现疼痛，检查蹄底或蹄间可发现溃疡面，上覆有恶臭坏死物。严重病例则烂成大小不等的空洞，从中流出污黑色臭水。病牛不愿站立，经常卧地，运动时呈中度跛行。

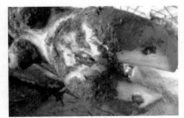

图 7-73　病牛蹄底腐烂

当病变涉及皮下时，即在短时间内发生蜂窝织炎。此时蹄冠及系部肿胀，伴有剧痛。病变侵害腱鞘和关节囊时，可引起化脓性腱鞘炎及关节炎。此时蹄温增高，指（趾）动脉亢进，并引起全身性反应如体温升高、食欲不振、泌乳量显著下降等。慢性炎症时，病变可达蹄的深部组织，引起指（趾）骨及韧带坏死，并在蹄间、蹄球与蹄冠形成瘘管，病程可达数月甚至数年，病牛逐渐消瘦、衰弱、丧失生产能力。

类症鉴别

病名	与牛腐蹄病的相似点	与牛腐蹄病的不同点
牛蹄叶炎	二者均表现跛行，卧地不起，疼痛	牛蹄叶炎病例是因为精料喂得太多，而且是谷物饲料喂得过多引起的一种急性炎症。多发生两后蹄，有时四蹄都发生，主要发生于肉牛。前肢患病时，患肢伸向前方，蹄尖不敢着地，以蹄踵负重。两后肢发病时，前肢后踏，使重心前移，用蹄踵负重，避免蹄尖负重
牛蹄底刺伤	二者均表现支跛，蹄着地时有痛感	牛蹄底发生刺伤后，牛有不自在表现，如蹄负重时间缩短、抖蹄与躺卧时可看到患肢突然屈曲。体温不升高
牛指（趾）间皮肤增殖	二者均表现跛行，疼痛	牛指（趾）间皮肤增殖病例病变发生在局部，肿胀范围较小，深部组织未见坏死、化脓所形成的窦道，常并发趾间纤维瘤

预防措施

针对病因，要经常检查蹄壳，保持牛舍及牛床的清洁、干燥。发病厩舍或牧地要撒布石灰或 10% 硫酸铜溶液。

治疗方法

首先用清水或 2% 来苏尔溶液洗净蹄部的污物。对于坏死组织施行外科手术清除，用 3% 过氧化氢溶液、1% 高锰酸钾溶液或 1% 木焦油醇消毒液冲洗，然后撒布碘仿磺胺粉（1∶5）、硼酸高锰酸钾粉（1∶1）、硫酸铜水杨酸粉（1∶1）等，外用浸有松馏油或 3% 福尔马林酒精溶液的纱布、棉布压紧患部，绷带包扎，5~7 天处理 1 次。

若病变延伸至深部组织，治疗有困难，可施行截指（趾）术，将一侧病蹄切除。对急性病例宜考虑使用磺胺或抗生素疗法。可静脉注射磺胺嘧啶针剂（每千克体重70~140 毫克），有良效。静脉注射四环素或其他广谱抗生素，也有效果。

15. 牛骨折

病因分析

骨折有急剧外力性骨折和骨质本身病理性骨折两种。外力性骨折常见原因有急剧外力的打击、重型物体的堕落压迫、牛相互角斗、突然于硬地上滑倒等；病理性骨折指骨的弹性、脆性、硬度异常，如患骨软症、佝偻病、骨髓炎及氟病时，都易发生骨折。

骨折发生后有其共同症状，根据骨折发生部位的不同，又表现为各自不同症状。

（1）共同症状 肿胀、变形、异常活动、骨摩擦音、疼痛、机能障碍等。

（2）不同症状

1）肱骨骨折：螺旋形或斜形骨折多见。如为斜骨折，其尖端可引起软组织广泛性损伤，肿胀十分明显。运动时牛感疼痛，并可听到骨摩擦音。

2）盆骨骨折：髂结节骨折，骨折处缺损，并有痛性肿胀，运步时出现混合跛行，很少有骨摩擦音。髂骨体骨折，突然呈现明显跛行，静止时，病肢呈外展姿势。耻骨骨折，呈现支跛，运动有剧烈疼痛，下腹部、腹股沟、乳房及阴囊等处常见肿胀。坐骨结节骨折，骨折部和会阴部有疼痛性肿胀，运动有捻发音，运动呈悬跛。

3）股骨骨折：多发生在股骨颈部，突然出现高度跛行，病肢缩短，局部疼痛肿胀，股部不能屈曲，对侧臀部下沉。

4）胫、跖骨骨折：骨折外部变形明显，骨折两端有时重叠、嵌入、离开或斜向侧方移位，容易形成假关节。高度跛行，甚至不能行走（图7-74）。

图7-74 牛跖骨骨折

牛关节附近的骨折与关节脱位的鉴别：第一，根据牛受伤害程度进行判断。骨折一般是外力造成的，关节脱位一般均由剧烈运动造成。第二，牛关节脱位一般可以行走，但严重跛行，如果骨折，则脚不能着地。第三，用手摸捏感觉，脱臼（关节脱位）的关节活动受限制，骨折一般不会在关节。第四，X线检查，牛关节脱位时，关节腔有渗出液，而骨折可见裂痕。

（1）加强饲养 供应平衡日粮，防止骨营养不良的发生。喂牛时，不仅要让牛吃饱，而且要注意营养成分和日粮配合。其中特别要注意矿物质钙、磷的喂量与比例及维生素饲料的供应。防止矿物质代谢紊乱引起的骨质疏松症。

（2）加强管理 防止意外事故发生。对役用牛要合理使役，不重载，不过役；放牧时要加强对性情暴躁牛的管理，避免角斗，不哄赶牛，避免其奔跑，防止滑倒、摔伤，尽量减少外伤性损伤。

（1）临时救护 骨折后应尽快用木条、竹板、铁条、绷带等材料临时固定，以防止周围组织过多损伤；而当有出血、休克等发生时，应立即对症治疗。

（2）**尽早整复** 使骨断端恢复到正常位置。为此，可用传导麻醉以减轻疼痛后，再根据骨折情况进行牵引、复位。

（3）**合理固定** 固定方法有内固定和外固定。内固定较少使用。外固定有石膏绷带固定和小夹板固定。小夹板材料为具有韧性和弹性的竹片、树皮和木条，每条厚 0.5 厘米、宽 3~4 厘米，长度以固定部位而定。装置方法是先将局部皮肤消毒，敷上外用药，用绷带或毛毡、纸压垫等包扎，再将 4~8 根小夹板对称而均匀地装在相应部位，最后再捆扎以固定夹板（图 7-75）。

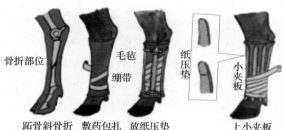

骨折部位　毛毡　纸压　小夹板
　　　　　绷带　垫

距骨斜骨折　敷药包扎　放纸压垫　　上小夹板

图 7-75　牛骨折小夹板固定

（4）**加强护理** 对未固定部位可进行按摩，骨折后 3~4 周开始牵引运动，以后适当轻度劳役，以促进病肢功能恢复，防止关节愈合和肌肉萎缩。

三、牛产科疾病

1. 牛流产

流产又称妊娠中断。母牛妊娠以后，如果发生胚胎被母体吸收，或者排出死亡的或未足月的胎儿，均称为流产。

病因
分析

流产的原因很复杂，大致可分为传染性的（参见牛的传染病和寄生虫病）和非传染性的两大类。非传染性流产的原因主要有以下几点。

（1）**胎儿及胎膜异常** 包括胎儿畸形或胎儿器官发育异常、胎膜水肿、胎水过多或过少、胎盘炎、胎盘畸形或发育不全，以及脐带水肿等。

（2）**母牛的疾病** 包括重剧的肝、肾、心、肺、胃肠和神经系统疾病，大失血或贫血，生殖器官疾病或异常（子宫内膜炎、子宫发育不全、子宫颈炎、阴道炎、黄体发育不良）等。

（3）**饲养管理不当** 包括母牛长期饲料不足而过度瘦弱，饲料单纯而缺乏某些维生素和无机盐，饲料腐败或霉败；大量饮用冷水或带有冰碴的水，吞食多量的雪，饲喂不定时而母牛贪食过多等。

（4）机械性损伤 包括剧烈的跳跃、跌倒、抵撞、蹴踢和挤压，以及粗暴的直肠或阴道检查等。

（5）药物使用不当 使用大量的泻剂、利尿剂、麻醉剂和其他可引起子宫收缩的药品等。

有的母牛妊娠至一定时期就发生流产。这种习惯性流产，多半是由于子宫内膜变性、硬结及瘢痕，子宫发育不全，近亲繁殖或卵巢功能障碍所引起。

临床症状

流产发生突然，流产前一般没有特殊的症状，或有的在流产前几天有精神倦怠、阵痛起卧、阴门流出羊水、努责等症状。

如果胎儿受损伤发生在妊娠初期，流产可能为隐性（即胎儿被吸收），不排出体外；如果发生在妊娠后期，因受损伤程度不同，胎儿多在受损伤后数小时至数天排出（图7-76）。

图 7-76　母牛流产

类症鉴别

病名	与母牛流产的相似点	与母牛流产的不同点
牛肺炎	二者均表现呼吸迫促，心跳加速，体温稍升高	牛肺炎病例肺音粗，或有干啰音、湿啰音，体温较高，但不出现频尿及经常出现排尿姿势和努责现象
牛膀胱炎	二者均表现频做排尿姿势，起卧不安	牛膀胱炎病例，直肠检查时发现膀胱肥厚、敏感

病名	与牛非传染性流产的相似点	与牛非传染性流产的不同点
牛大肠杆菌病流产	二者均表现分娩预兆，均发生流产	牛大肠杆菌病流产病例，流产多发生于妊娠的5~8个月时期。流产后多数伴发胎衣不下或子宫内膜炎。流产的胎衣有黄色胶样浸润，有的胎衣增厚有出血点，绒毛叶部分呈苍黄色。有的病牛发生关节炎
牛弯曲杆菌病流产	二者均表现分娩预兆，均发生流产	牛弯曲杆菌病流产病例呈现卡他性子宫内膜炎和输卵管炎。表现阴道黏膜发红，黏液分泌增多。流产多发生于妊娠的5~7个月（80%以上）

加强对妊娠母牛的饲养管理，注意预防本病的发生。如有流产发生，应详细调查，分析病因和饲养管理情况，疑为传染病时应取羊水、胎膜及流产胎儿的胃内容物进行检验，深埋流产物，消毒污染场所。对胎衣不下及有其他产后疾病的，应及时治疗。

为防止习惯性流产，可在发生流产前的 1 个月开始注射黄体酮 50~100 毫克。

2. 牛难产

母牛妊娠期满，胎儿不能顺利产下，称为难产病。

母牛身体尚未发育成熟，提早配种，骨盆和产道狭窄，加之胎儿过大，不能顺利产出；饲养失调、营养不良、运动不足、体质虚弱，老龄或患有全身性疾病的母牛子宫及腹壁收缩微弱和努责无力，胎儿难以产出。如果胎位、胎式不正，胎膜破裂过早，均可使胎儿不能产出，成为难产。

妊娠母牛发生阵痛，起卧不安，时常拱腰努责，回头顾腹，阴门肿胀，从阴门流出红黄色浆液，有时露出部分胎衣，有时可见胎儿肢蹄或头，但胎儿长时间不能产下（图 7-77），且努责现象随着分娩延迟而逐渐减弱，说明胎儿已难产。

图 7-77　母牛难产

难产通常是由于胎儿或母牛异常造成胎儿和母畜产道不相适应，但常见的难产主要是胎儿本身异常所引起的。

（1）试行拉出胎儿　首先向阴门黏膜上涂布或向阴道内灌注滑润油或温肥皂液，然后应用产科绳缓慢牵拉胎儿的头及前肢。此时助产者尽量用手扩张阴道，如果有肿瘤时，要用手将它推开。如果试拉胎儿无效时，可根据情况采取不同的助产措施。

（2）应对母牛阴道异常引起的难产　切开阴道狭窄部的阴道黏膜，拉出胎儿后，立即缝合。对于阴门或阴道内的较大肿瘤，如果妨碍胎儿产出时，必须切除或者施行截胎术。

（3）应对胎儿异常引起的难产

1）推进胎儿：推进是为了更好地拉出。为了便于推进胎儿，必须向子宫内灌注大量温肥皂液，然后用手或产科梃抵在胎儿的适当部位，趁母牛不努责时，用力推回胎儿。如果努责过强无法推回时，根据情况可进行全身半麻醉后再做适当处理。

2）矫正胎儿：一般情况下，主要是设法矫正胎儿异常胎位。方法是在用手推进胎儿的同时，立即拉正异常胎位，或者设法将产科绳套在胎儿姿势异常的部位，在助产者推进胎儿的同时，由助手拉绳纠正。

3）拉出胎儿：当胎儿已成正常姿势、胎向或胎位时，或者异常部位的程度较轻时，可用手握住蹄部，必要时可用产科绳拴上，同时用手拉住胎儿头部，随着母牛的努责把胎儿拉出来。

对于因胎儿过大、双胎难产、胎儿发育异常及畸形胎的助产，除按上述方法进行相应的助产外，如仍不能达到目的，可考虑施行截胎术或剖腹产术。

3. 牛子宫内膜炎

牛子宫内膜炎是牛产科疾病中的一种常见病。根据炎症的性质可分黏液性、黏液脓性、脓性；根据表现可分为显性和隐性；按照病程可分为急性和慢性。

病因分析

子宫内膜炎大多发生于母牛分娩过程和产后。如在胎儿娩出和胎衣脱落过程中，子宫黏膜有大面积创伤，有时子宫内有残留胎盘、胎膜碎片，尤其是胎衣不下或子宫脱出时，细菌易侵入而引起炎症。母牛难产助产时消毒不严，配种时人工授精器械和生殖器官消毒不严，继发引起阴道炎或子宫颈炎。

某些传染病和寄生虫病的病原体侵入子宫，如布鲁氏菌、结核分枝杆菌及滴虫等，也会发生子宫内膜炎。

当牛舍不洁，特别是牛床潮湿、有粪尿积累，母牛外阴部容易污染细菌并带入阴道及子宫，发生产后细菌感染。根据调查，有的青年牛（未产犊的母牛）也有发生子宫内膜炎的情况。

临床症状

（1）急性子宫内膜炎 一般发生于流产后或产后胎衣不下，多为黏液性或黏液脓性。若不及时治疗，则易转为慢性或继发其他疾病，如子宫粘连、产后败血症等。病牛体温升高，食欲减退，精神不振，有时拱背、努责，常做排尿姿势。从阴门中排出黏液性或黏液脓性渗出物，有时夹有血液，卧下时排出量较多，有腥臭味（图7-78）。阴道检查时，子宫颈外口黏

图7-78 病牛阴道流出混浊黏液

膜充血、肿胀，颈口稍开张，阴道底部积有炎性分泌物。恶露滞留引起的子宫内膜炎是因为子宫颈闭锁或子宫颈分泌物厚稠黏液的堵塞。直肠检查时可感到体温升高，子宫角粗大而肥厚、下沉，收缩反应微弱，触摸子宫角有波动感。在急性期只要治疗得当，愈后一般良好，多在半个月内痊愈。如病程延长，可能转为慢性。

（2）慢性黏液性子宫内膜炎　母牛发情周期不正常，或虽正常但屡配不孕，或发生隐性流产。病牛卧下或发情时，从阴道排出混浊带有絮状物的黏液，有时虽排出透明黏液，但含有小点絮状物。阴道及子宫颈外口黏膜充血、肿胀，颈口略微开张，经常流出恶露，阴道底部及阴毛上常积聚上述分泌物（图7-79）。子宫角变粗，壁厚粗糙，收缩反应微弱。

图7-79　病牛阴道恶露不尽

（3）慢性黏液脓性子宫内膜炎　从阴道中排出灰白色或黄褐色的较稀薄脓液。母牛发情时排出较多，发情周期不正常。阴道检查可发现阴道黏膜和子宫颈腔部充血，往往粘有脓性分泌物，子宫颈稍开张。

直肠检查发现子宫角增大，子宫壁肥厚，收缩反应微弱，有分泌物积聚时，触摸感觉有轻微波动。冲洗时回流液混浊，其中夹有脓性絮状物。

（4）隐性子宫内膜炎　母牛生殖器官无异常，发情周期正常，但屡配不孕，只有在发情时流出黏液略带混浊。

子宫内膜炎、子宫蓄脓症、阴道炎、外阴炎、子宫肌瘤鉴别诊断见表7-2。

类症鉴别

表7-2　子宫内膜炎、子宫蓄脓症、阴道炎、外阴炎、子宫肌瘤鉴别诊断

病名	鉴别要点
子宫内膜炎	体温升高，从阴门流出灰色、粉红色、污红色、黑绿色浆液性或脓性黏液，恶臭。母牛努责，精神沉郁
子宫蓄脓症	饮欲增加，有时体温升高，腹部膨大，腹部触诊可摸到膨大的呈袋状的子宫角，阴门肿大，排恶臭脓汁，尾根外阴部有脓痂附着
子宫肌瘤	腹围膨大，消瘦，腹水，阴道分泌物带血，腹部触诊可摸到肿块
阴道炎	从阴门流出黏液性、脓性带血分泌物，阴道黏膜充血、肿胀、疼痛
外阴炎	阴唇充血、肿胀，排脓性分泌物。不安，拱背，频尿，有时呻吟

预防措施

加强母牛的饲养管理，增强机体的抗病能力。配种、助产、剥离胎衣时必须按操作要领进行，严格遵守兽医卫生制度。产后子宫的冲洗与治疗要及时。对流产母牛的子宫必须及时处理。加强对牛床、牛舍的卫生消毒工作。

治疗方法

（1）**冲洗疗法**　冲洗子宫是治疗急、慢性子宫内膜炎的一种常用有效的方法。对子宫颈开张和发情后流出黏液呈炎性的病牛可以冲洗；对子宫颈不开张，子宫收缩差，不发情病牛可先注射苯甲酸雌二醇 20 毫克，以促使子宫颈开张。冲洗液常选用 0.1% 依沙吖啶，3%~4% 氯化钠或 0.1% 高锰酸钾溶液，冲洗量根据子宫体大小及炎症程度而定。冲洗时通常借助虹吸作用，结合直肠按摩子宫排净冲洗液。冲洗液排出后向子宫注入 20 毫升含有青霉素 80 万国际单位、链霉素 100 万国际单位的溶液，隔天 1 次，连用 2~3 次；或将四环素粉 0.5 克溶于 300 毫升灭菌蒸馏水中，灌至子宫。

（2）**对产后急性子宫内膜炎的治疗方法**　可用土霉素 5 克，依沙吖啶 0.5 克，加蒸馏水 500~800 毫升进行冲洗，隔天 1 次，连用 2~3 次为 1 个疗程，根据病情也可继续使用。

（3）**对病程较长，子宫壁肥厚、粗糙，炎症黏液不多的慢性子宫内膜炎的治疗方法**　可选用下列方药。

1）碘甘油合剂：2% 碘溶液与甘油按 1∶1 的比例混合后，用导管向子宫内 1 次注入 200~300 毫升，隔 2 天后再向子宫内注入含有 2 克链霉素的 50% 葡萄糖溶液 50 毫升。

2）四环素 0.5 克，依沙吖啶 0.5 克，溶解在 300 毫升灭菌蒸馏水中，用消过毒的金属导管注入子宫，隔 2~5 天 1 次，连用 2~3 次。

3）4% 露他净 100 毫升，用消毒过的塑料管注入子宫，疗效较好，必要时可重复应用 2~3 次。

（4）**对隐性子宫内膜炎的治疗方法**　在配种前后清洗子宫，即在配种前 8 小时及配种后 24 小时向子宫内注入含青霉素钾盐 80 万国际单位、链霉素 1 克的灭菌注射用水或生理盐水溶液。也可在配种前 8 小时向子宫内注入 3% 碳酸氢钠溶液 50 毫升。

4. 牛胎衣不下（胎衣滞留）

母牛分娩后一般在 12 小时内排出胎衣。若超过上述时间仍不能排出时，称为胎衣不下。

（1）**产后子宫收缩乏力、弛缓** 妊娠后期运动不足，饲料单一、品质差，缺少矿物质、维生素、微量元素等，母牛瘦弱或过肥，胎水过多，双胎、胎儿过大、难产和助产过程中的错误都可以引起子宫收缩乏力、弛缓，引起胎衣不下。

（2）**胎儿胎盘绒毛组织不能与母体子宫阜的腺窝分开** 这是由于感染侵入子宫时，引起胎儿胎盘和母体胎盘发炎所致，或者是由于母体子宫炎所引起。

一般情况下，阴门外垂有少量胎衣，主要为尿囊绒毛膜，持续12小时以上仍无变化，不见胎衣全部排出。有时虽有少量胎衣排出，但大半仍滞留在子宫内不能排出。也有少数母牛产后在阴门外无胎衣露出，只是从阴门流出血水，卧下时阴门张开，才能见到内有胎衣（图7-80、图7-81）。滞留的胎衣经过2~3天（炎热季节经过1~2天）后，垂于阴门外的胎衣即可腐败、分解，气味恶臭；继而子宫的胎衣也腐败、分解并被吸收，从阴门排出红褐色黏液状恶露、混有腐败胎衣或脱落的胎盘子叶小碎块，以及未腐烂的血管。其中少数病牛由于吸收了胎衣腐败分泌物及细菌感染产生的大量毒素，引起自体中毒，出现全身症状，体温升高，精神委顿，食欲显著下降或废绝，甚至会转化为脓毒败血症。少数胎衣不下的母牛无全身症状，腐败的胎衣同恶露排出后则恢复正常，无后遗症。而大多数胎衣不下的病牛，多并发化脓性子宫内膜炎，延迟受孕时间，甚至导致难孕。

图 7-80　牛胎衣不下，阴道外部分为暗红色　　图 7-81　牛胎衣不下，阴门悬吊部分胎衣，大部分仍滞留于子宫内

病名	与牛胎衣不下的相似点	与牛胎衣不下的不同点
母牛子宫脱出	二者均在分娩后发生，均表现为阴门外悬挂暗红色囊状物	母牛子宫脱出病例脱出的子宫比胎衣厚，阴道黏膜与子宫同时脱出，阴唇四周无空隙，并可见凸出的子叶水肿、破溃

（续）

病名	与牛胎衣不下的相似点	与牛胎衣不下的不同点
母牛子宫炎（化脓性）	二者均在分娩后发生，均出现体温升高，精神沉郁，有时拱背努责	母牛子宫炎病例产后胎衣完全排出，直肠检查会发现子宫壁肥厚、敏感

预防措施

注意饲料营养的合理配制及矿物质的补充，特别是钙与磷的比例要适当。产前 5 天内不要过多饲喂精料，增加光照；分娩后让母牛能及时吃到收集的羊水、益母草或红糖汤。如果分娩 8~10 小时不见胎衣排出，可肌内注射催产素 100 国际单位，静脉注射 10%~15% 葡萄糖酸钙 500 毫升。

治疗方法

对胎衣不下病牛的治疗，大致从药物治疗、手术剥离及辅助疗法着手。

1）土霉素 5~10 克，蒸馏水 500 毫升。用法：子宫内灌注，每天或隔天 1 次，连用 4~5 次，让其胎衣自行排出。

2）10% 高渗氯化钠 500 毫升。用法：子宫灌注。隔天 1 次，连用 4~5 次，让其胎衣自行排出。

3）增强子宫收缩，用垂体后叶素 100 国际单位或新斯的明 20~30 毫克等药物肌内注射，促使子宫收缩排出胎衣。

5. 牛阴道脱出

阴道壁的一部分或全部脱出于阴门外，称为阴道脱出，多发生于妊娠后期年龄较老的母牛。

病因分析

由于年老体弱，营养不良，缺少运动，便秘、腹泻、分娩时努责过强或患有慢性、消耗性疾病如片形吸虫病等，使全身功能衰弱，肌肉组织松弛，韧带张力不足所致。

临床症状

一般在产前一个月内发生，病牛拱背努责，表现不安。初期仅在卧下时一部分阴道壁形成皱褶露出于阴门外。起立时可自行缩回，一般不影响分娩。随着脱出的时间延长，可发展为全脱出（图 7-82）。有时由于强力努责而直接发生全脱出。全脱出的阴道壁不能自行缩回，脱出的阴道呈球形，有时可在其脱出的下端看到子宫颈的外口及子宫颈黏液栓。脱

图 7-82　病牛阴道脱出

出的阴道壁内包有一部分子宫壁、膀胱和胎儿的前置部分。尿液还可排出，但不顺利。如阴道前庭也翻出，则可见到尿道口。阴道脱出部分起初潮红充血，以后因受粪便、褥草或泥土污染，黏膜瘀血、水肿、干裂、损伤，甚至糜烂坏死，从裂缝中渗出液体。严重时可继发全身感染。

<table>
<tr><th>病名</th><th>与牛阴道脱出的相似点</th><th>与牛阴道脱出的不同点</th></tr>
<tr><td>母牛直肠脱</td><td>二者均表现尾根下有拳头大凸出黏膜球状物</td><td>母牛直肠脱病例黏膜球状物由肛门脱出，不是由阴门凸出</td></tr>
<tr><td>母牛子宫脱出</td><td>二者均表现由阴门凸出黏膜球状物</td><td>母牛子宫脱出多在产后发生，凸出的比球大，如长袋状，并可见到子宫黏膜子叶</td></tr>
</table>

类症鉴别

治疗方法　　　如阴道部分脱出又能自行缩回，可内服强壮剂如钙剂和姜酊。如果不能自行缩回，则把牛牵到斜坡上，使牛前躯低后躯高，将后躯及脱出的阴道彻底洗净消毒后，盖上70% 酒精浸湿的消毒纱布，趁着母牛不努责时，逐步把阴道送回原处，然后在两侧阴唇的中点进行缝合。用大号的三角形弯针和 10 号缝线，在阴门右侧 2 厘米处下针，从同侧下 3 厘米处穿出。在左侧用同样的方法将线穿好。然后把两侧的 4 根缝合线合拢结扎起来，既为阴门缝合，又起着埋线治疗作用，同时投服钙剂和姜酊，促进其收缩。

6. 牛子宫脱出

子宫翻出阴门外称子宫脱出，多发于分娩以后，或在胎儿排出数小时以内。

病因分析　　　1）母牛年龄较老，营养不良及运动不足。

2）难产时，产道较涩，胎儿被强力拉出。

3）母牛临产时瘫痪，分娩时间长，腹压高，持续努责。

临床症状　　　可见子宫内翻、脱出垂至跗关节。脱出的子宫常发现胎衣仍粘连在子宫黏膜上。脱出时间较长时，子宫黏膜水肿，色红而附有草、粪污，有时因其尾和地面摩擦而有破损、溃烂（图 7-83）。部分风干处发黑。母牛绝食，停止反刍，排尿困难。

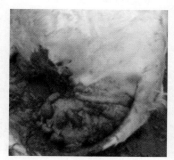

图 7-83　母牛子宫脱出

病名	与牛子宫脱出的相似点	与牛子宫脱出的不同点
母牛阴道脱出	二者均表现阴门外有黏膜外翻的脱出物	母牛阴道脱出病例多发于分娩前，即使阴道全脱也仅有球大，并可见子宫颈口，不像子宫脱出那样有囊状物垂脱至跗关节
母牛阴道肿瘤	二者均表现阴门外有囊状物	母牛阴道肿瘤病例没有努责现象，触诊无疼感，在分娩时障碍胎儿排出，甚至因破裂而出血。阴道检查可发现肿瘤

防治措施

对妊娠母牛注意营养，并适当运动以增强体力。若母牛在分娩后仍有努责，并持续发生，应对阴道进行检查，如发现子宫内翻应采取措施，防止脱出。如已脱出，应清洗消毒还纳腹内，必要时加子宫压定器保定，防止复脱。

（1）整复子宫

1）站立保定（最好前低后高），不仅便于术者操作，而且腹压较小利于子宫还纳。如病牛不能站立，则就横卧还纳。若用吊带保持站立姿势，会因四肢不负重，吊带勒紧腹部，还纳更困难。

2）将尾拉向前方。

3）用0.1%依沙吖啶或0.5%新洁而灭或0.3%高锰酸钾洗净子宫黏膜所附泥、草、粪污。如果有水肿，消毒后针刺挤压除水；如果有胎衣残留于子宫壁，则先将子宫与胎衣剥离开再冲洗。

4）如果横卧保定，在母牛臀后铺一块消毒塑料布，将脱出子宫洗净消毒后暂放塑料布上待整复。

5）整复时术者握拳（大拇指屈于掌心）于脱出子宫的下端、子宫角的凹陷部向里送，待拳随子宫将进入阴门时，助手两手合抱阴道，帮助向阴门里挤压，以使子宫能随手臂纳入阴门。

当翻出的子宫已全部进入阴门后，术者的拳已进入腹腔（术者肩抵阴门），助手双手护住肛门，防止术者因拔出送入子宫的手而使子宫随之脱出。当术者肘露出于阴门时，再抵住子宫壁向里送，经过几次抽出和送入后，子宫即不再随手脱出，术者手掌伸展并拼拢使子宫复位。在抽出手臂时，边向外抽边检查子宫有无重叠（如果无重叠，子宫壁显平整，即已复位），再小心缓慢抽出手臂。

6）为防止子宫发炎，用土霉素2~5克（加水100毫升稀释）或用青霉素200万国际单位（加蒸馏水 50 毫升稀释）再加 2% 普鲁卡因 50 毫升注入子宫，隔天 1 次。

7）为防止子宫整复后再努责，用青霉素 100 万国际单位（用 20 毫升蒸馏水稀释）加 2% 普鲁卡因于后海穴（进针 8~10 厘米）注入。

8）为防止子宫再脱出，对阴门进行纽扣双内翻缝合，并固定子宫压定器（参照阴道脱出）。

（2）对术后体温增高，心跳加速，精神不振的治疗方法 出现这类症状说明将有发生败血症的可能，用四环素 1~1.5 克、含糖盐水 1000 毫升、25% 维生素 C 6~8 毫升、樟脑磺酸钠 20 毫升静脉注射，12 小时 1 次。

7. 牛产后阴道炎

病因分析

助产时手频繁出入阴道，引起阴门、阴道感染，形成炎症。

临床症状

一般无全身症状，仅阴门流出浆性、黏性或脓性分泌物，尾部有黏液干结物，阴门肿胀。阴道检查发现阴道黏膜充血肿胀，或见有创伤、糜烂、溃疡，阴道内贮有分泌物，子宫颈口紧闭（图 7-84）。

图 7-84　病牛子宫黏膜充血、肿胀、糜烂，有脓性分泌物

类症鉴别

病名	与母牛产后阴道炎的相似点	与母牛产后阴道炎的不同点
母牛子宫内膜炎	二者均表现阴门流浆性、黏性、脓性分泌物，尾部附有不洁干结物	母牛子宫内膜炎病例，阴道检查发现子宫颈口开张、不闭锁，阴道黏膜无创伤糜烂，直肠检查发现子宫壁肥厚敏感，按压时阴门流出液体增加，阴道无创伤糜烂
母牛阴道创伤	二者均表现阴道红肿，举尾摇尾，拱背努责，阴门流分泌物，尾部附有干结物	母牛阴道创伤病例多在配种后发生，阴道损伤较严重

治疗方法

1）先用 0.1% 高锰酸钾溶液冲洗，然后涂布碘甘油。

2）阴道黏膜水肿严重时，可用温的 2%~5% 高渗氯化钠碘溶液冲洗，涂布磺胺软膏、金霉素。

8. 牛乳腺炎

牛乳腺炎是牛常见的一种乳腺疾病，多发生于哺乳期。乳腺炎影响泌乳机能并引起乳量减少，甚至使乳房丧失泌乳机能。同时，人饮用患病牛的牛乳，对人体健康有害。

病因分析　引起乳腺炎的因素很多，主要由于各种机械的、物理的、生物学的和化学的作用，通过乳导管、乳头损伤或血管，使病原微生物侵入而引起本病。母牛管理、利用及护理不当，如奶牛挤乳技术不当而使乳头黏膜及上皮发生损伤；或者机器挤乳时，机器使用时间过长，负压过高或抽动过速，也能损伤乳头皮肤和黏膜；挤乳前，手及乳房、乳头消毒不严、卫生不良、未挤尽乳汁而使其在乳房内蓄积等，给细菌侵入乳房创造了条件。引起感染的病原微生物主要有葡萄球菌、链球菌和肠道杆菌等。而某些传染病的病原菌也可引起乳腺炎，如放线菌、结核分枝杆菌和口蹄疫病毒等。临产前饲喂过多的富含蛋白质饲料，如产后喂给大量的精料或多汁饲料，均能引起乳腺炎。

临床症状　本病主要分为三型。

（1）**急性乳腺炎**　患病乳区增大、发热、发红、疼痛（图 7-85）。病侧乳房上淋巴结肿大、乳汁变稀薄，混有絮状或粒状物。重症时，乳汁可呈淡黄色水样或带有红色水样黏性液。同时，可出现不同程度的全身症状，如食欲减退或消失，瘤胃蠕动和反刍停滞；体温上升达 41~42℃；呼吸和脉搏加快，眼结膜潮红、严重时眼球下陷、精神委顿。病牛起卧困难，有时站

图 7-85　母牛乳腺炎，病牛乳区红肿、变硬

立则不愿卧地，有时体温上升可持续数天而不退，急剧消瘦，并常因败血症而死亡。

（2）**慢性乳腺炎**　多因急性型未彻底治愈而引起。一般没有全身症状，患病乳区组织弹性降低、僵硬；触诊乳房时，可发现大小不等的硬块；乳汁稀薄、清淡，泌乳量显著减少，乳汁中混有粒状或絮状凝块。

（3）**隐性乳腺炎**　这是一种隐性型（潜在性）乳腺炎，发病率高达 50% 以上，危害性大而又不为人们所注意。这种乳腺炎的特点是无特定病原，病变轻微，不显临床症状或早先因为炎症造成的陈旧性损伤——萎缩、硬结、乳池和导管狭窄而未出现任何新的表现。一般只反映在乳汁的理化性质、组成成分、体细胞数及乳汁分泌量的改

变上，故多属乳腺功能性障碍。最后，还因为易于感染而使部分隐性乳腺炎演变为临床性乳腺炎，给奶牛业带来一定的经济损失。

预防措施

（1）**加强饲养管理** 改善母牛清洁卫生，合理饲养，提高其抗病能力。牛舍及放牧场也要注意清洁卫生，定期对牛舍进行消毒。

（2）**注意挤乳卫生** 挤乳前用 50℃左右的温水洗净乳房及乳头，并同时进行按摩。再用含有 1：4000 的漂白粉液或 1：1000 高锰酸钾溶液擦净乳房及乳头。挤完乳后，用 0.5% 碘溶液或 3% 次氯酸钠溶液浸泡乳头。挤乳器及用具在使用前均应拆洗并严格消毒。患乳腺炎的牛，应放在最后挤乳。病乳放在专用的容器内集中处理。

（3）**加强干奶期乳腺炎的防治** 在干奶期最后一次挤乳后，向每个乳区注入适量的抗菌药物，可预防乳腺炎的发生。在整个干奶期中，如发现奶牛有乳腺炎时，应将病区的乳挤净，再注入适当的治疗药物。

治疗方法

（1）**挤乳及按摩疗法** 为了及时地从病叶排出炎性渗出物，降低乳房内的紧张性，每经 2~3 小时挤乳 1 次，夜间 5~6 小时 1 次。每次挤乳时，按摩乳房 15~20 分钟。

（2）**冷敷、热敷及涂擦刺激剂** 为了制止炎性渗出物，在炎症初期需要冷敷，2~3 天后可热敷或红外线照射等，以促进吸收。涂擦樟脑醋、樟脑软膏或用常醋调制复方醋酸铝散等药物，以促进吸收，消散炎症。

（3）**乳房内注入药液** 注入抗生素对各种类型的急性乳腺炎都有较好的疗效。在挤乳以后，将消毒过的乳导管轻轻插入乳头孔内，向乳池内注入青霉素溶液或青霉素、链霉素溶液 150~200 毫升（每毫升含青霉素 2000~4000 国际单位，链霉素 2000~3000 国际单位），注入后，用手指捏住乳头基部，向上轻轻推压，可使药液向上扩散。或可将青霉素 80 万国际单位、链霉素 0.5 克，溶解在 20 毫升灭菌注射用水中，用 16 克 ×10 厘米针头直接注射入乳腺组织。对于严重的乳腺炎，可向乳房内注入防腐消毒药，如 0.02% 依沙吖啶、0.1% 高锰酸钾等药液。每天 1~2 次，注入 2~3 小时后轻轻挤出。

（4）**全身疗法** 对于重症乳腺炎病牛，除乳区内治疗外，还应肌内注射青霉素 320 万国际单位。少数还应同时注射链霉素 4~6 克，每天 2 次，连用数天，直至病情缓解。有的病牛，当青霉素、链霉素收效不大时，尚可应用庆大霉素、红霉素或四环素等药物。如疗效不显著，应根据药敏试验结合来选用合适的药物治疗。

9. 犊牛脐炎

犊牛出生后由子脐带断端感染细菌而发生脐炎。

病因分析 主要是助产时脐带消毒不严或产房卫生不良以致产后受到污染，或是犊牛相互舐吸脐带而造成脐炎。

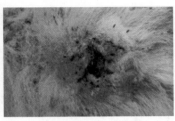

图 7-86　犊牛脐孔部组织化脓，内含脓液

临床症状 脐带断端或脐周围湿润、肿胀，触诊时局部有痛感，偶尔在脐带中央能摸到索状物或能挤出少许脓汁。脐炎部恶臭，重症时肿胀常波及周围腹部，脐部化脓或坏死，局部增温，或有体温反应，脐孔处发生增生硬块或溃烂化脓（图 7-86）。

防治措施 母牛产前注意产房清洁卫生，分娩后对犊牛要及时消毒脐带，同时要加强犊牛的护理，防止犊牛互相吸吮脐带。当发生脐炎时首先要对脐部剪毛消毒，脐孔周围皮下注射青霉素、卡那霉素等。如有脓肿和坏死，应排出脓汁和清除坏死组织，然后消毒清洗，撒上磺胺粉或其他抗菌、消炎药物，并用绷带将局部包扎好。

参 考 文 献

［1］黄应祥，张栓林，刘强.图说养牛新技术［M］.北京：科学出版社，1998.

［2］董蠡.实用牛马病临床类症鉴别［M］.北京：中国农业出版社，2001.

［3］王俊东，董希德.畜禽营养代谢和中毒病［M］.北京：中国林业出版社，2001.

［4］董蠡.实用羊病临床类症鉴别［M］.北京：中国农业出版社，2004.

［5］向华，宣华.牛病防治手册［M］.2版.北京：金盾出版社，2004.

［6］蒋兆春，林继煌.牛病鉴别诊断与防治［M］.北京：金盾出版社，2005.

［7］朴范泽.牛病类症鉴别诊断彩色图谱［M］.北京：中国农业出版社，2008.

［8］张申贵.牛的生产与经营［M］.2版.北京：中国农业出版社，2010.

［9］林大木.牛病防治图册［M］.2版.长沙：湖南科学技术出版社，2007.

［10］陈怀涛.牛病诊疗原色图谱［M］.北京：中国农业出版社，2008.

［11］胡士林.彩色图解科学养牛技术［M］.北京：化学工业出版社，2018.

［12］周国乔，徐健.牛病诊断与防治彩色图谱［M］.北京：中国农业科学技术出版社，2019.

［13］史民康.图说如何安全高效饲养肉牛［M］.北京：中国农业出版社，2015.